AI

我们正失去这个世界吗

李德武　著

北京时代华文书局

目 录

汉娜·阿伦特深深地意识到笛卡尔怀疑思想产生的巨大影响力，面对全新的时代，她发现改造物理世界观的不是理性，而是工具。追求新知不是依靠“沉思、观察和思辨，而是技艺人、制作和制造的积极介入”。

事实上，当一台计算机完成对复杂世界的运算，并呈现出我们无法想象的样态的时候，计算机成了上帝。它开启了一个无所不能的魔法时代。

AI 带给绘画的影响将是开端性的，就像裸体画在文艺复兴时期成为绘画一个新开端一样。裸体画拨开了人身的一切装饰，展现出人身的自然之美。AI 将拨开由毁灭带给一切生灵的遮蔽和封锁，显现出人的“负身”。AI 不应该仅仅被视为一种机器工具，我把它叫作人的“负身”。“负身”是生命的反面，它的历史表述就是亡灵或亡灵的遗存。

哲学家们在努力为机械工具、数码和网络技术的广泛运用寻找理论支持。比如海德格尔试图从“存在与时间”的视域，重建技术与人的关系，他指出了技术的“座架”正在突破宇宙系统，成为人存在的局部控制。

自序：拒绝和崇拜都是危险的

2022年11月30日，美国开放人工智能研究中心（OpenAI），宣布推出ChatGPT。这是一款基于自然语言对话交流基础上，具有解答知识性问题、聊天、撰写文案、制作图片、翻译、编写代码等功能的智能工具。ChatGPT的推出受到产业巨头们的高度关注，美国苹果公司和微软公司都迅速宣布在自己的搜索引擎和浏览器中增加对ChatGPT的支持功能。敏锐的战略家们意识到“ChatGPT的推出意味着搜索引擎迎来了一个新时代”。比尔·盖茨甚至称ChatGPT的历史意义不亚于个人计算机或互联网诞生！

ChatGPT的推出不仅受到商界的高度重视，也受到大众的追捧。在推出不到2个月内，ChatGPT的活跃用户就已经超过1亿。人们向ChatGPT提出各种刁钻的问题，ChatGPT都回答得既准确又简明，并不像一个知识搬运工。ChatGPT同时具有的文案撰写、图片制作、翻译、编写代码等功能也给相关产业的从业人员带来挑战。这意味着未来一旦人们开始依赖ChatGPT来完成工作，那么从事这些工作的人就将面临失业。ChatGPT 带来劳动力解放的同时，也带来了挑战和危机。人和人工智能机器之间产生的矛盾将成为未来人类社会需要面对和解决的新难题。

当越来越多的人工智能机器人出现在我们生活之中的时候，我们其实并没有做好全面接纳它们的思想准备。我们还把它们看作是机器，是冰冷的工具，我们除了学会熟练地使用它们以外并没有思考这个新生物正在改变现有的秩序，包括自然秩序、社会秩序和伦理秩序，甚至没有意识到它的出现已经预示了人类将迈入与传统生活不一样的未来。

回顾人类的发展史，每一次进步都离不开技术的发展推动。尽管在人类早期，思想的推动力奠定了文明的起源，但在人类自我改造和梦想的实践中，技术的进步始终发挥出不可替代的作用。这一需要和事实最终也召唤思想家从抽象的玄谈走向对方法和技术的探寻。典型的如笛卡尔，他开启了思想务实的新时代。

近代文明进步的主要标志是工业文明和技术文明的突飞猛进。我们可以粗略地浏览到这些文明的闪亮背影，诸如流水线、自动化、计算机、互联网、数字技术、人工智能，等等，这一进程从对生产资料和人的高效使用，到撇开对生产资料的依赖，运用虚拟的数字创造财富，技术让人在获取财富时逐渐摆脱了对日益匮乏的自然资源的依赖。同时，智能机器的功能越来越接近甚至超越人的能力，使得人作为劳动力获得了替代和解放。人们开始担心智能机器对人类的最大挑战不是机器对人类的反抗和征服，而是机器什么都能做了，人还干什么？当机器替代人解决一切生存问题之后，人的生存能力会不会退化？这种退化会不会让人类走向最后的末日？

机器的深度学习能力已经让机器具备了人的思维和情感，而面对记忆和计算，人远不是机器的对手。

不是从AI出现以后，人们才开始警觉这些问题。工业革命之初，智者们就已经觉悟到这一问题。现代派艺术从思想根源上说是反机器化和工业化的。特别是20世纪工业发展导致的两次世界大战更是让人们感受到高科技下现代战争的残酷性。特别是核武器的出现和使用让人对科技产生了某种恐惧的阴影。阿伦特就把笛卡尔的思想影响称为两个“噩梦”。这期间的担心不是关于机器自身会不会出现对人类的复仇行为，而是人类有多大的理性可以控制自己不把这种先进的机器用于战争，用于对人类的杀戮。当年爱因斯坦就曾反对把原子弹用于战争，马斯克也明确提醒美国政府不要把AI用于战争。

在AI越来越无所不能的今天，技术让人类早期的神话得以成真。这是我接纳AI的主要原因。工业革命时人是把机器当劳动力来看待，并参照这个原型创造出来的。AI 的原型不是劳动力，而是想象力，不是对已有利益的追逐，而是对不可能的实现。AI 的原始基因是诗的或艺术的。AI 的出现，仿佛神灵现身，也让以往属于宗教、诗等神秘的东西，变得易如反掌。正如摄像机的出现对绘画带来的颠覆性挑战一样，AI 的出现也将颠覆我们对艺术创作的旧有观念：我们自以为优越的东西如今王位不保！人工智能正开启人类新的未来，人的智能和创造力也会因人工智能的出现而进化。

机器的深度学习能力已经让机器具备了人的思维和情感，而面对记忆和计算，人远不是机器的对手。人自古就渴望成为超人，人们对神灵的敬奉就是希望自己成为超人。尼采曾明确提出人的最高目标就是成为超人。今天，AI 尽管在整体性上还不能成为超人，但在局部领域，AI 已经成为超人。这个超人并非外星来客，它是人类自己的化身。它并不游离于人之外，而是和我们共同生活在一起，就像我们的梦或影子。它正在构成我们和社会以及自然新的关系。可我们尚未思考好应该建立一个怎样的机器伦理。

学者和思想家们专注于对技术带给我们的影响的发现与分析，比如技术语言对我们日常语言的影响，技术系统对社会形态的影响，机器的作用对社会功能和人行为的影响，说白了就是：一个全新的技术时代对应的社会形态最佳模型应该是怎样的？这些问题都尚未有结论。“与 AI 共存”不仅仅是我们面对一个全新的技术时代需要有的接纳态度，也是我们解决诸多悬而未决的问题的出发点，显然，拒绝 AI 和过度崇拜 AI 都是危险的，毕竟，人类需要大地、阳光和雨水，人类在解决自身存在问题的同时，还要和万物和谐共处。我们不能因为具备了创造力就肆意妄为，自大和狂妄会导致人类自掘坟墓。

笛卡尔哲学被两个噩梦所折磨，它们在一定意义上也是整个现代的噩梦。

汉娜·阿伦特的两个噩梦

一、笛卡尔的怀疑论和汉娜·阿伦特的两个噩梦

汉娜·阿伦特在《人的境况》一书中谈到笛卡尔怀疑论时说出了一个令我惊讶的观点，她认为笛卡尔的怀疑论是这个时代的噩梦，这个噩梦包含两方面内容，一个是实在性噩梦，一个是可能性噩梦。这两个噩梦都出自笛卡尔那句著名的话："我思考，我怀疑，故我存在。"汉娜·阿伦特追踪她的老师海德格尔的思路，也围绕这句话展开了对哲学本身的沉思。海德格尔从存在的角度指出哲学的任务已经不再是追求真理问题，而是提出问题。所以，海德格尔的存在主义哲学被认为宣布以追求真理为旨归的思辨哲学已经终结。汉娜·阿伦特同样从存在角度出发，但她不是坚定不移地沿着老师的道路走，而是折返回古希腊，以古希腊哲学为起源，看到了笛卡尔怀疑论的危机。为了寻找到今天哲学和古希腊哲学的共同语境，汉娜·阿伦特以沉思和行动为切入点，展开了她的论述。

她说："笛卡尔哲学被两个噩梦所折磨，它们在一定意义上也是整个现代的噩梦，这并非因为这个时代如此深地受到了笛卡尔哲学的影响，而是因为一旦现代世界观的真正含义被理解，它们的出现就几乎是无可逃避的。这两个噩梦十分简单，也众所周知：其一，实在性的噩梦，世界的实在性以及人类生活的实在性，都受到了怀疑；如果感觉、常识和理性统统不可信任，那么很可能被我们当作实在的东西只不过是一个梦。另一个噩梦涉及在这些新发现中揭示出的一般人类境况和对于人来说，信任他的感觉和理性的不可能性；在这样的处境下，的确更有可能的是，一个邪恶精灵 (Dieu trompeur) 随心所欲地、恶意地欺骗人，他比起上帝来说更是宇宙的统治者。这个邪恶精灵的恶作剧的顶点是创造了一种具有真理概念的生物，但是只赋予了一些让它从来都达不到任何真理，从来都不能确知任何事物的官能。”（《人的境况》，［美］汉娜·阿伦特著，王寅丽译，上海人民出版社，2017 年 4 月）

汉娜·阿伦特深深地意识到笛卡尔怀疑思想产生的巨大影响力，面对全新的时代，她发现改造物理世界观的不是理性，而是工具。追求新知不是依靠“沉思、观察和思辨，而是技艺人、制作和制造的积极介入”。这种情况下，真理不是给定的“必然”，也不会通过我们自身的沉思和观察让其如是显现（证真），而是通过“干预现象、废除现象，才有希望获得真知”（证伪）。所以，传统哲学中的“感性真理”“理性真理”先在正确就失效了，即真理的确定性丧失了。

这里，汉娜·阿伦特论述的出发点是她认为笛卡尔的怀疑论不具有传统哲学对心智的管理能力和思想的批判能力。她写道：“现代哲学始于笛卡尔的普遍怀疑（de omnibus dubitandum est），但是这种怀疑不是作为人类心智的一种内在控制机制，以防止思想的欺骗和感觉的假象，也不是针对人类以及时代的道德和偏见的一种怀疑主义，甚至不是作为科学探索和哲学思辨的一种批判方法。”（引注同上）所以，这种“怀疑”推动下的思想从目的论来看，追求的是对世界存在样态的“惊异”，以自洽的方式（以假设为前提），而不是以本真为前提，使思想朝向创造性思维发散。重要的是技术与工具带来的新发现不仅作为证据，也作为世界新的现象和事实，改变人们的理性和感性，并且，这种改变日益变得不可控制。她的忧虑在于一旦这种改变演化为某种恶的力量，包括黑暗政治和权力的统治力量，那将是人类的噩梦。

二、沉思与行动并不是对立和分裂地存在于我们身上

沉思是一种获取知识和智慧的过程，行动是将知识和智慧付诸实践，并予以检验正确与否的过程。人基于沉思和行动让自己成为创造者或成功人士。沉思是超越凡俗的方向选择，行动是抵达目标的路线选择。佛法把沉思叫作“净虑”，是禅定修行的必要过程，人在净虑中才能看清万物和自己的本来面目，生发出圆明无碍的大智慧。奥古斯丁说：“如果没有在沉思中被给予的甜蜜（Suavitas）和‘真理的喜悦’，这种负担就是无法忍受的。”在不同的历史阶段或不同的环境下，人们有时突出强调沉思的重要性，有时突出强调行动的重要性。当这二者同时发生在人身上时，其实，沉思与行动无法真正分离。孔子就强调知行合一，他说：“学而时习之，不亦说乎。”无论释迦牟尼对佛法的阐述，还是孔子对儒家思想的阐述，沉思与行动的原则都不是人平庸生活的原则，而是人不凡生活的原则。说得具体一点，在他们强调沉思与行动的时候，他们内心的目标指向的是“思想家”和“政治家”。

所以，我们看到这两个词被重复提起，总是出现在哲学家的著作里和政治家的演说中。比如谈到沉思，我们眼前出现的典范常常是柏拉图、牛顿、笛卡尔、康德等这些伟大人物，以及他们为人类世界提供的卓越思想和真理发现。一个满足于“一日三餐”的人，沉思对他是多余的，当然，类似“杞人忧天”式的沉思只能暴露出人的愚钝，自找烦恼而已。但这不是说沉思只属于个别人，每个人都可以沉思，只要他不满足于靠本能和常识生活。当他意识到自己的存在时，他就可能是一个沉思者。海德格尔在他的《存在与时间》一书中，把形而上学对真理的“沉思”表述为对存在问题的提出。真理的存在由绝对真理变成对真理的持续追问，所以，海德格尔特别强调“思”的重要性。这个“思”不是“思想”，而是对真理本身的“觉思”，相当于佛法中的“净虑”，是对本性的觉醒。

沉思意味着人类对自身心智界限的突破，人思考从未思考之物，预见到从未发生之物，看到从未看见之物。沉思是对已知的存疑，是对未知的追问。沉思让人对自身越来越陌生，因为他的怀疑总是不断颠覆人为自己描绘的肖像。同时，沉思也让世界变得越来越不神秘莫测，因为，他的发现总是将属于神统治的部分划归到可认识、可掌控的范畴，以至于人们面对世界和宇宙时表现得比神还无所不能。

沉思是人心智的综合行为，是人有目的、自我发起的某种心智行动。现代哲学倾向于把技艺制造和体力劳动归于行动。其实，这样的划分是不准确的，但不等于说“想到”和“做到”是一回事。按照康德的“动机”“目的”说来理解，“想不到”必然“做不到”。只有“想到”的事情才有可能“做到”，释迦牟尼在佛法里甚至说“一切唯心造”。因此，沉思不能从人的整体行动中被排除。

沉思的能力是人的本能，我们的心智为沉思提供了先天条件。但良好的、有效的沉思需要一定的训练，以及诉诸更多的学习和努力。

沉思的能力是人的本能，我们的心智为沉思提供了先天条件。但良好的、有效的沉思需要一定的训练，以及诉诸更多的学习和努力。这个世界几十亿人，不是每个人都是哲学家、政治家、发明家等杰出人物，说明作为人创造力的前提条件，沉思不会随便惠顾并赏赐每个人。有时，我们习惯把个人的奇迹归于他的天赋，但天赋是一个不能作为普遍问题来考察的现象。这时，沉思的能力则以后天所为成为抵达成功的有效路径。这期间，前人沉思的结果成为开启后人沉思的指路明灯。从哲学上看，如果没有苏格拉底可能就不会有柏拉图，如果没有柏拉图，可能就没有亚里士多德。如果没有这三位哲学家，可能就没有延续至今的思辨哲学。沉思的这种唤醒功能推动了人类在思想和智慧探索之路上不断进步。

三、科学与哲学对世界的改变有何不同？

汉娜·阿伦特认为科学与哲学不同在于，科学用“事件”改变世界，而不是简单地改变观念，她的这一观点特别指向传统的柏拉图主义，即主张通过改变观念来改变世界的传统哲学。考察近代哲学的发展，人们普遍认为改变这一认识的人是伽利略和笛卡尔。伽利略对天体的观察和发现使得哲学有了“绝对真理”和“相对真理”之分，而笛卡尔的“方法论”直接将哲学从形而上学引向实用。这之后，沉思朝向多元世界开放，沉思的心理路径不同，抵达的思想物和方法也就不同。后来启蒙运动开启了全面思想解放运动。实际上，无论在古代还是现代，科学与哲学都在相互推动，并肩而行。只不过有时哲学占据主导地位，有时科学占据主导地位。但这二者并不是对立关系，也从不可以取消或互相替代。近代哲学的发展就是非常好的例证。

自牛顿和伽利略以来，“普遍”这个词获得了更大的外延，意味着我们的视界已经超出了太阳系。对宇宙的全新认识改变了我们沉思世界的参照系，也使沉思的边界变得虚空而广大。有人不把望远镜带给我们视野的改变看作是沉思的结果，而是工具出现的结果。如果这个说法正确，那么工具带给我们的观察改变应该是一样的，因为工具对人不具有选择性。实际上，就算借助望远镜，也不是每个人都能成为天文学家，更不用说像斯宾诺莎借助望远镜拓展了以探究本质为目的的哲学，或像莱布尼茨借助天体星辰的关系，创立了以单子和运动为主要研究对象的“微积分”哲学。汉娜·阿伦特肯定这一点，她在《人的境况》中谈道：“人类心智从伽利略的发明和做出这些发明的方法与假设中得出某些结论，却只花费了几十年的时间，不到一代人。在数十年里人类心智变化之巨，就如同人类世界在几百年里的变化之巨一样；而且虽然这一变化天然地局限在少数人当中，他们属于所有现代团体中最奇特的一种——科学家团体和文人共和国（是唯一在经历了所有观念变革和信仰冲突后幸存下来，没有复古，也没有忘记‘向那些不再共享信念的人保持敬意’的团体），这个团体全凭训练有素的想象力，就在许多方面预言了现代人心智的巨大变化，这种变化只有在我们的时代才变成政治上可证明的现实。”（引注同上）

就算针对“两个噩梦”，汉娜·阿伦特也积极地看到确定性的消失——包括真理的确定性和宗教救赎的确定性（上帝死了）——并未使人们迷失正确的方向，相反，使人们进一步焕发出探索新生活的热情。她写道：“这种确定性丧失的即时后果是重新焕发起了在此生为善的热情，仿佛正在丧失的信心还要经历一个相当长的缓刑期，同样，对真理的确定性的丧失也带来一种新的、前所未有的对实在性的追求，似乎人能够忍受做一个说谎者，前提是只要他相信真理和客观实在的无可置疑的存在，真理和客观实在就一定会保留下来，击败他的谎言。”（引注同上）

四、笛卡尔式怀疑的兴起

伽利略发明了天文望远镜，这一工具直接改变了人们习惯上对内在理性的信赖，人们发现对世界的看法与以前完全不同了，这一改变不是理性带来的，而是一种人造工具（望远镜）带来的。这意味着为人们打开新世界的力量不仅来自沉思、观察和思辨，还有技艺人、制作和制造等技术的功劳。沉思不再停留在自己内心的净虑和内省上，它纳入了工具和手段的成分，因此，沉思也从传统对真理的找寻延展到对方法的找寻和对目的的实现。笛卡尔的“我思考，我怀疑，故我存在”的著名观点打破了由形而上学建立起来的所有哲学边界，由此揭开了由存在决定合理性，而不是真理

（或上帝）决定存在的全新时代。

笛卡尔的思想对近代世界的发展产生了巨大影响，但汉娜·阿伦特对笛卡尔式的怀疑却感到忧虑，也许她更怀念传统的柏拉图主义。她认为笛卡尔的思想给近代世界造成了“两个噩梦”。笛卡尔的怀疑果然如汉娜·阿伦特所说是时代的噩梦吗？我们不妨分析一下。

（一）笛卡尔改变了对确定性和永恒的信赖，他指出了确定性的局部正确（直角坐标系和解析几何），坐标原点是假定的。笛卡尔关心的不是真理问题，而是应用问题。他追求的实在即确定性不过是依据近似真理（或相对真理）的方法获取的。汉娜·阿伦特还试图找到像亚里士多德第一哲学那样的确定性，她对笛卡尔思想带给世界的影响和改变感到担忧和恐惧，所以称其怀疑的思想是噩梦。事实上，她这一问题的提出，也正恰合了笛卡尔的怀疑说。

（二）笛卡尔引发的真正思想革命是指出了思想也是一种存在物。这是摆脱中世纪以来经院哲学和基督教思想统治，对人主体存在的进一步肯定。人思维的力量可能是善的，也可能是恶的。汉娜·阿伦特担心这样的肯定会纵容恶人理直气壮地运用思想行恶。其实，这样的担心是不必要的，这是因为，尽管人们普遍认识到思维独立于存在的价值和力量，但人们不会丧失对其他价值的判断和选择，而单纯依赖思维的力量，即倒向对沉思的过度依赖和迷恋，就像人们知道自己可以点燃火焰而没有四处纵火一样。笛卡尔的思想为人们运用思想和规则提供了全新的洞察，他不是用方法论替代绝对真理，比如物理学，而是把哲学从单纯的追求绝对真理中引向更宽广的视域。他对世界采取的是三分法，即一部分属于物质，这部分的特征指向实体广延；一部分属于思维，这部分属于抽象和概念；一部分属于上帝，这部分属于起源和绝对真理。笛卡尔研究运动时间和广延的关系，他把推动世界运动的那只手交给了上帝。所以，属于上帝的部分在他那里被排除在外，他自己说得很明白，他的思想就是最大化地满足人们对幸福存在的需要。恶人可能会发现真理，但真理不会是恶的，如果真理是恶的就不成为真理。恶人也可能运用真理行恶，但这样的恶人其实是在行骗。人们既然具备识别真理的慧眼，也一定具备识别运用真理行骗的伎俩。这样的人的确存在，在历史上，以至于未来，我们都不能指望这类人从人群中消失，但请相信，这类人不会成功，不会得到人们普遍的信赖。无论从人类愿望上、道德伦理上，还是从法律上、道义上，乃至绝大多数人的利益上，人们都不会容忍这类人存在太久。至少，从已经出世的思想家中，我们看到那些伟大的思想家，没有一个是出于追求恶而受人崇敬。尽管，某些政治势力出于打压思想的进步而对思想家治罪，比如古希腊的苏格拉底，近代的布鲁诺、斯宾诺莎、康帕内拉等思想家都遭受过不同程度的迫害，但这些迫害的遭遇不仅没有辱没思想家思想的光辉，反而显示出了他们思想力量的无比强大。

五、真理与谎言从语言哲学角度看是对立的吗?

近一百年来，正是基于对方法（工具）和实用的重视，而不只是对事物永恒性的重视，技术才获得了巨大的突破。语言哲学也正是在语用学基础上发展起来的。鉴别谎言靠的不是真理为真，而是实践，鉴别技术靠的是有效性。在技术上，如果说谎也能完成有效的任务，那么说谎也是有效的语言。图灵机发明者艾伦·图灵曾和维特根斯坦有过一次对话，这次对话恰恰是关于真理与谎言问题的。维特根斯坦认为，创建一个严密的、确定的逻辑系统，对于追求真理而言，是没有用的。

方法论时代的突出标志是哲学走出书斋，像科学家一样寻找解决现实问题的方法和手段，让真知在实验和工具中被捕获，从而发现隐藏的秘密，说出新的存在事实。

维特根斯坦：……我们来看说谎者悖论，所有的人都在困惑这个问题，这根本就不正常，太不正常了……一个人说“我在说谎”，我们如果假设他说的是实话，于是他就是在说谎。好吧，那又会怎么样呢？你如果要把自己绕进去，那就会把脸给憋紫……但这只是个没用的文字游戏，有什么可计较的呢？

图灵：因为人们通常认为矛盾意味着错误，遇到矛盾就说明我们把什么东西搞错了，但在这个问题中，我们却看不出有什么错误。

维特根斯坦：是的，本来就没有错误……那它有什么不好？

图灵：这样看起来没什么不好，但如果把一个矛盾的原理用于实践，那就会出问题。

维特根斯坦：……问题是，为什么人们要害怕矛盾？人们害怕数学之外的矛盾，比如顺序的矛盾、描述的矛盾，这是很容易理解的。但问题是，为什么人们要害怕数学内部的矛盾？如果实践当中出了问题，错误并不在于原理中有矛盾，而是在于你使用了不该使用的原理……

图灵：如果你不能确定微积分是没有矛盾的，那么你就没有信心在实践中使用它。

维特根斯坦：我认为这完全没道理……假如那个说谎者说："我在说谎，所以我说的是真的，所以我既说谎又没说谎，所以产生了一个矛盾，所以 2×2=369。"这又能怎么样呢？你别真用这个结论去做乘法，不就行了吗？……

图灵：但是，如果对矛盾放任不管，总会在什么地方出问题。

维特根斯坦：我看不出会有什么问题……

（《艾伦·图灵传——如谜的解谜者》[英] 安德鲁·霍奇斯著，孙天齐译，湖南科学技术出版社，2015 年 8 月）

这个对话非常能说明技术时代人们面对技术应用和工具应用时对真理的沉思态度，以数学为基础的技术更强调严谨性，以功能为基础的技术更强调对应用环境的选择与构建。的确如汉娜·阿伦特所说，今天的技术发展彻底颠覆了人的理性、常识和感觉系统，特别是智能技术、数字技术、虚拟空间技术的出现，让我们感觉进入了魔法时代。我想说的是自汉娜·阿伦特提出她的"噩梦说"以来，世界又已过去几十年了，世界不仅没有因为对噩梦的恐惧而停止技术的探索，而且比 20 世纪 80 年代的技术又有了惊人的进步。

汉娜· 阿伦特对笛卡尔怀疑的担心并不关乎怀疑本身是否对错，而是关乎对怀疑的应用。善恶问题原则上不属于真理问题，而是属于道德规则问题。在人类社会中，道德规则与科学是两个完全不同的领域。科学的宗旨是发现真相，揭示真理，而道德的宗旨是遵从人与人不相伤害原则，构建人与人（他者）、人与社会（政治和宗教）最大的诚信。一百年来，我们看到科学的进步尽管颠覆了我们很多观念，推动道德标准的不断修订，但并没有颠覆人的道德伦理，科学家也要信守做人的基本原则。

现在看，汉娜·阿伦特描述的两个噩梦并没有那么可怕，相反，笛卡尔的怀疑论解放了人的思想。汉娜·阿伦特也看到了科学与行动的强大力量，她肯定地说："……对真理的确定性的丧失也带来一种新的、前所未有的对实在性的追求，似乎人能够忍受做一个说谎者，前提是只要他相信真理和客观实在的无可置疑的存在，真理和客观实在就一定会保留下来，击败他的谎言。在现代第一个百年里道德标准发生的巨变，是新科学家们这个现代最重要的团体的需要和理想激发的；而现代的核心美德——成功、勤奋和求真，同时也是现代科学的最大美德。"（《人的境况》）

六、方法论时代的标准问题

方法论时代的突出标志是哲学走出书斋，像科学家一样寻找解决现实问题的方法和手段，让真知在实验和工具中被捕获，从而发现隐藏的秘密，说出新的存在事实。这个庞大的任务无法像古代哲学那样靠个人来完成，因为这项工作不单纯是一项沉思的工作，而是需要把人群中最优秀的心智集合起来，集体努力完成。因而，它需要规定行为法则和判断标准（标准是规定和预设的，而不是绝对的、先在的）。汉娜·阿伦特也敏锐地看到这一事实，她说："从前真理居于某种'理论'中，希腊人认为关心真理的观看者，在沉思的一瞥中能接收到在他面前敞开的实在。而现在，成功的问题占领了真理的居所，理论检验变成了一种'实践'检验——是否起作用。理论变成了假设，而假设

的成功就是真理。”（《人的境况》）

在亚里士多德那里，真理存在于必然中，而技术存在于偶然中，偶然中提取的只能是方法和工具，而不是真理。但在现代科学中，论证和推理逻辑不再依据自然作为参照和起源，而是依据可能性。作为参照起源，现代科学与传统哲学截然不同，现代科学在推证手段上不只是把理论当作依据，还把实践当作依据，所有的事实都不存在于先在的给定中，而是存在于实践的创造中。说白了，现代科学推理与传统哲学相比，建立在完全不同的起源和体系之上，人类的独创性战胜了无所不在的偶然性，取得了一种名副其实的胜利。汉娜·阿伦特把这一战胜归结为“工具战胜理性”。

如果说笛卡尔的思想开启的是一场梦幻运动的话，那么人类依据普遍怀疑，的确让一切现实都重新纳入梦境，万事不可信，皆是梦，这一切根本不是什么永恒的，一切都时刻在变，也根本没有所谓的创造万物的上帝。人，就是创造万物的上帝。对于传统的基督教来说，这一颠覆上帝的过程，未免不是一场噩梦，而对于更多的人、更多的事物而言，这却是一次彻底的拯救和解放。也许从根本上说，人们并没有拒绝绝对真理的存在，但绝对真理已不像以往那样占有至高无上的地位。在绝对真理缺席的地方，人们并没有因此陷入迷茫、混乱和黑白颠倒，人们发现，替代绝对真理支撑秩序有效运转的是技术和实用的效能，是实践的可操作性和目标的明晰性，是依赖于介质而修筑的现实的路径，而不是形而上学理性。正如笛卡尔所说：“即使我们的心灵不是事物或真理的尺度，但它毫无疑问是我们肯定或否定事物的尺度。”（出自笛卡尔致亨利·莫尔的信，转引自《人的境况》）

笛卡尔的“我思”与古希腊哲学家的内省沉思有所不同，古希腊哲学家说的内省沉思是对灵魂和行为一致性的自我检视。笛卡尔说的“我思”是对普遍怀疑的追问。古代哲学家说的内省沉思也是指人自身对智慧和知识的触达，检视自己知与不知的边界。笛卡尔说的“我思”则是从对存在确定性的指认上强调人在思的过程中自行完成标准的建构。古人的内省沉思建立在道德和伦理之上，是对真的抵达。笛卡尔的“我思”建立在应用学基础之上，是对有效性和实在性的抵达。如果说古希腊哲学家中也有类似笛卡尔的“我思”的哲学家的话，那么这个人最有可能是伊壁鸠鲁，而不是柏拉图或亚里士多德。伊壁鸠鲁主张通过自我对快乐的主动思考和追求实现“正大光明的快乐”。“正大光明”是他对自我思考的标准内设。何谓“正大光明”的思考？就是不带任何怀疑的思考，以此做到思考对痛苦的排除，不是死亡不存在、痛苦不存在，而是在思考中将这一事实搁置一边，甚至遗忘掉。“正大光明”也就是笛卡尔说的“我思故我在”。伊壁鸠鲁相信只要“正大光明的快乐”就能获得快乐，而笛卡尔相信通过“我思”的方法就能产生“我在”的确定性。他们二人在“人携带他思与存在的确定性”问题上基本是一致的。

相对于古代纯粹意识的内省，笛卡尔着眼于构建思与存在的关系，前者是一种从目的到手段都属于意识的活动，而笛卡尔的存在纳入了实践的现实性需要，它不只是发生在人的身体里，即一个人可以独自完成的事，它也发生在身体与现实的关系中，即服务于身体存在的目的性。这种目的性蕴藏在怀疑之中，而怀疑提出的不是关乎绝对正确问题，而是关于我与存在的关系和效用问题，所以，笛卡尔的“我思”中要比古代哲学家强调的内省具备了更多的实在性。

七、对神的求助，意欲解决究竟性问题

圆存在于绝对的理性，地球是个椭圆，世间万物，凡是与人相关的，都不可能完美，因为人不是一个冰冷的机器，而是一个有感情和思想的生命。笛卡尔将世界问题分成三个部分，一个是由物质构成的，以运动和广延为特征的世界，一个是由人的思维构成的，以思和存在互为关联为特征的思想物世界，还有一个就是人看不见也不可思的部分，上帝主宰的世界。

人的存在满足于现实性需要，所以在物质与思维世界便可以实现人的目的，如果人还要完美，比如追求天堂，人就得找上帝去，因为人不能自行解决完美问题。这是因为人的思维总是有限的，他抵达的存在也永远是有限的。完美问题不属于有限，而属于无限。

笛卡尔提出最后的归因属于上帝，并不是指宗教，而是指绝对真理，万物始源。从事物的变化来看，只有万物的始因具备完美性，它是事物存在的诸因具足，而一旦它开始变化，事物就不再表现出完美性（恒在），而是表现为运动和广延，基于万物的始因无可找寻，笛卡尔认为上帝存在于理论之中，而思与存在，属于方法论范畴。

斯宾诺莎继笛卡尔关于上帝的绝对理论说，提出了上帝乃自然界根本之属性的论断，突出了这一始因的客观性存在。莱布尼茨从行为的自明性上把上帝描述为至善。康德延续了莱布尼茨的观点，并借助笛卡尔的我思理论突出了人的目的、动机、工具理论。这一切思想理论的演化，都没有超出笛卡尔对世界三大问题的划分，即都未脱离人作为一个思想的存在物这个事实来思考，没有放大上帝的概念，以及他对人存在的统治权。相反，越来越清晰地划清楚了属于上帝权限处

理和属于人自身权限处理的权力界限。

笛卡尔的怀疑不包括对上帝存在与否的怀疑，因为笛卡尔不是基于反对完美性才思考方法的，而是一开始就基于人的不完美性思考人的存在的。所以，笛卡尔将上帝问题束之高阁。笛卡尔并不想证明《圣经》中的上帝是个骗子，他只是想证明上帝创造的这个世界绝大多数时候人需要靠自己自行决定。只在极少数的情况下才需要求助上帝。就好比英国的皇室制度，女王享有至高的地位，但国家并不归女王管理一样。笛卡尔的思想对政教一体化的剥离起到了巨大的推动作用，也为后来理性主义哲学、实用主义哲学、存在主义哲学等思想的演进提供了坚实的理论基础。

笛卡尔"我思"的独创性，极大地促进了现代精神和理智的发展，也把哲学从书斋的内省型沉思带向普遍的实践应用之中，方法论推动了科学和技术的高速发展。他思想的意义还在于启示人完成个体的自我构建。就算他不能在科学和技术上做出超常的创建，也至少认识到他对自己的权利以及对存在的主导拥有自信。阿伦特就此评价道："笛卡尔针对普遍怀疑获得确定性的方法，与从新物理学中得出的明显结论高度一致：即使一个人不能按照某物给予或揭示的样子来认识真理，他也至少认识他自己制造的东西。的确，这成了现代最一般的和最普遍被接受的态度，而且正是这一信念，而不是贯穿在它背后的怀疑，在三百多年来，越来越快地促进了人类发明和发展的步伐。"（《人的境况》）

向前属于未知区域，请依靠自己的判断和冒险精神勇敢地继续前行，为人类揭开新路程之谜确定路标。

思想的套路与风险

思想自由是个什么东西？是想怎么想就怎么想吗？是对自己真实思想的捍卫吗？是对正确想法的可能性趋近与找寻吗？还是思想彼此之间批判和斗争中一种辩论权利的公平吁请？

一、思想是有套路的

首先，思想发生在人身上。作为创造力的主要动因，思想并不凭空存在。它总是伴随着人对世界的认识，对生命品质和生活品质的提升，对决定事物存在的真理和主导变化的规律探寻等活动而生。基于真正为人类世界提供富有创见和真理洞见的人并不多，当谈论思想或自身思考时，我们其实常常不由自主地以那些历史上傲然屹立的伟大思想家为楷模，以他们建立的思想和学说为蓝本、为范式和路线而展开的。这些思想的范式经过长期的实践和检验，逐步确立为人类思想史演进的路标。无论东方世界还是西方世界，甚或不同国家和民族，都有其贯穿习俗、语言和性格特征的思想方式。比如古希腊对真理的思辨方式影响了西方人世界观的形成；而中国儒释道思想也成为中国两千多年来思想和生存的纲领。尽管思想从发生学角度看从未停滞不前，或陷入因循守旧的循环，但从更大的时空上回溯人类思想的历程，也不难发现思想演进的路线并不纷杂，相反路线和谱系十分清晰。为了破除思想的神秘性，我愿意把这些已然形成的思想流派和方法称为“套路”。比如哲学上柏拉图主义、斯多葛学派、理性主义等，方法和工具上如辩证法、形而上学、逻辑推理、现象还原、归纳法等就是套路。我用套路这个词来概述这些思想的现实，是想说明已有的思想模式或方法既是用来效法的准则，也是用来突破的对象。如果我们只知道效法，我们就容易陷入某种因循的路径中去，不会有新的思想发现。所以，作为路标，已有的思想模式或方法通过划定出自己的界限来提示后人：向前属于未知区域，请依靠自己的判断和冒险精神勇敢地继续前行，为人类揭开新路程之谜确定路标。

思想自由首先表现为思想不受权威、伦理、神学、权力、既有事实、传统、习俗等约束。亚里士多德说过：“我爱我的老师，但我更爱真理。”任何对思想的限制、压制、迫害都无法改变这样的事实，即思想只服从真理的召唤。现实中，局限思想的阻力很多，比如宗教迷信、统治专断、学术权威、政治斗争、观念僵化、蒙昧平庸、世俗势力等。不是所有人都渴望新的东西，也不是所有人都喜欢思想探险。因此，思想自由就创新来说在已有的人类历史中举步维艰。思想的价值在漫长的历史发展中表现出一种思维和观念的有效性和固化。近代以前，就东西方哲学发展来看，具有颠覆性和开端性思想体系的变化并不多见。英国思想史学家 J.B. 伯里在他的《思想自由史》里考察了西方思想自由的发展历程，他把这一历程分成六个阶段，即理性自由时代（古希腊罗马时期）、理性被禁锢（中世纪）、解脱的希望（文艺复兴与宗教改革）、宗教宽容、理性主义的成长（17 世纪与 18 世纪）、理性主义的前进（19 世纪）。在这一过程中，思想自由的黎明出现在意大利文艺复兴时期，成长于哥白尼、伽利略、牛顿、笛卡尔等携自然科学成果横空出世以后，阔步前进于科学全面开花、神学地位受到严重挑战、工业技术蓬勃发展、民主自由精神推动的革命热情如火如荼的 19 世纪。在西方，这期间思想自由的最大敌人是神学和宗教。但是，科学打破了宗教长期以来对人们思想的蒙蔽和统治，“由哥白尼的研究预示其来临的现代科学，于 17 世纪打下基础，其间经历了对哥白尼理论的证明、万有引力的发现、血液循环的发现，以及现代化学和物理学的创立。彗星的真实性质已经弄清楚，不再被看作天罚的朕兆。”（《思想自由史》，［英］J.B. 伯里著，周颖如译，商务印书馆，2012 年 6 月）

引导 19 世纪思想自由阔步向前的力量正是理性之光。笛卡尔把“我”看作是思想物，“我”是不完美的，只有理性的思想才能保证“我”做出正确的、趋向完美的判断和选择，并且，做出这样的判断离不开方法。思想的目的就是尽量避免做出偏激的、错误的判断。对此，他先后撰写了具有思想颠覆性的《第一哲学沉思集》《谈谈方法》《哲学原理》等著作，针对神学和经院哲学形成的观念禁锢，旗帜鲜明地高扬理性旗帜。

斯宾诺莎紧随笛卡尔之后，也在实践思想自由中遵从理性原则。他认为思想自由就是要运用理性认识事物的本质。他在《伦理学》一书中谈道：“只依照理性指导的人是自由的。”他在《神学政治论》中也说：“一个人越听理智的指使——换言之，他越自由，他越始终遵守他的国家的法律，服从他所属的统治权的命令。”（《神学政治论》，［荷兰］斯宾诺莎著，温锡增译，商务印书馆，1963年11月）近代欧洲思想解放运动是以将理性之光不断发扬光大为标志的。理性几乎成了启蒙运动的旗帜。康德在《什么是启蒙运动？》一文中指出：“启蒙运动就是人类脱离自己所加之于自己的不成熟状态。不成熟状态就是不经别人的引导，就对运用自己的理智无能为力。”（《历史理性批判文集》，［德］康德著，何兆武译，商务印书馆，1990年11月）

19、20世纪科学的发展打开了思想自由的大门，在数学、物理学、化学等自然科学日益隆兴的同时，博物学、地质学、人类学、生物学、心理学、美学等新兴学科也相继兴起。思想在理性之光引导下除了朝向实证（发现）开拓出全新领域以外，也在怀疑、否定、思辨、逻辑等方法的推动下，朝着创建（发明）新事物的梦幻般世界挺进。望远镜的发明、蒸汽机的发明、电的发明等为人开发自身思想创造力提供了鼓舞和支撑。思想不再是少数思想家的专利，也不仅仅局限于书斋里的沉思，而是像闪电一样，照亮每一个人的心灵，并以春雷般的力量唤醒人们沉睡的智慧。这时，思想的模式也呈现多元化，哲学在理性主义达到巅峰（黑格尔）时思想开始朝着非理性主义转变（克尔凯郭尔、尼采），科学上也由重经验实证进入模型虚拟阶段。特别是计算机出现之后，很多传统思想范式受到修改，乃至颠覆。法国思想家利奥塔在20世纪后期曾经预言：“今天，三个重大的事件正在发生：第一，技术和科学在巨大的技术科学网络里融合；第二，在各门科学里，不单单是假设或甚至是‘范式’在受到修改，而且曾经被认为是‘自然的’或不可违反的推理方式和逻辑也在受到修改——悖论大量存在于数学、物理学、天体物理学和生物学的里面；最后，新的技术带来的质的变化——最新一代的机器可以进行记忆、查阅、计算、语法、修辞和诗学、推理和判断（专业知识）的操作。它们是语言的添加物，也就是说，思想的添加物。”（《后现代性与公正游戏：利奥塔访谈、书信录》，谈瀛洲译，上海人民出版社，1997年1月）

20世纪下半叶科学进入了一个跃进式发展阶段，社会由工业现代化进入后工业信息消费时代，思想自由的方式也发生了根本上的转变。其标志是由理性主义主导的对必然性思想论证转向由游戏规则主导的对偶然性（初始条件给定）的思想论证。利奥塔总结道：“科学研究的语用学把语言游戏的新‘招数’，甚至新规则的发明放在首要位置，这在寻找新证据方面表现得尤为明显。”“思考什么是真实，什么是公正，这并没有过时。过时的是把科学想象为实证主义……‘你的论据和证据有什么价值？’这个问题如此直接地属于科学知识的语用学，以至于它保证了这种论据和这种证据的受话者向一个新论据和一个新证据的发话者的转变，结果带来了话语的更新和科学家的世代交替。……这个问题本身的展开又引出了下面的问题，这是元问题或合法化性问题：‘你的“有什么价值”有什么价值？’”（《后现代状态：关于知识的报告》［法］让-弗朗索瓦·利奥塔尔著，车槿山译，生活·读书·新知三联书店，1997年12月）

正是这一对元问题追问方式的改变，思想所关注的对象也从宏大叙事转向对合法化、规则下的语境叙事。这种叙事的显著标志是语境叙事中的思想不指涉决定论下宏大系统稳定，而是指涉由关联和兼容形成的局部系统变化样态。正如利奥塔所说，即：“可导连续函数作为知识和预测的范式所具有的优势正在消失。通过关注不可确定的现象，控制精度的极限，不完全信息的冲突、量子、‘碎片’、灾变、语用学悖论等，后现代科学将自身的发展变为一种关于不连续性、不可精确性、灾变和悖论的理论。它改变了知识一词的意义，它讲述了这一改变是怎样发生的。它生产的不是已知，而是未知。它暗示了一种合法化模式。”（引注同上）

科学激发的思想创造力从未有像今天这样活跃，也从未像今天这样对社会和世界产生如此巨大的推动力。以至于一切思想，包括艺术和诗歌的观念都成了科学研究的起源。今天，人们不仅用思想探究事物，也从各种事物，包括游戏中寻找产生思想的火花和根源。游戏理论专家拉波波特说过一段精彩的话：“这一理论有什么用处呢？我们认为，游戏理论同任何制造出来的理论一样，其用处是产生思想。”（引注同上）

二、思想的目的就是寻找推动社会进步的有效方法

柏拉图和孔子经历了差不多的思想转变，即早年热心于政治改造，晚年专心于教育。他们有一个共同的目的，就是用好的思想和方法教育人、培育人，建立和谐兴盛的理想社会。欧洲近代社会的快速发展，得益于思想解放运动的推动和引导。英国哲学家、思想家穆勒指出：“考诸欧洲历史，有三个时期的情形可以作证：一是紧接宗教改革之后时期的欧洲状况；二是十八世纪后半叶的思想运动（尽管只限于欧洲大陆和智识阶级）；三是歌德和费希特时代德国更为短暂的智识躁动。这三个时期发展出来的具体观念有着广泛的差异；但是相同的一点是，三者全都挣脱了权威的枷锁。在每一个时期，旧的精神专制已被摧毁，且新的精神专制还未生成。欧洲所以成为今日之欧洲，正为这三个时代所推动。此后无论人类精神

世界还是制度方面所发生的每一步改进，其动力皆可显见地追溯到它们其中之一。”（《论自由》，[英] 约翰·穆勒著，孟凡礼译，上海三联书店，2019 年 4 月）

尽管东西方文化不同，但在社会进步认识上却已成共识，即社会进步是一个不可阻挡的趋势和潮流，衡量思想的正确与否可能细致的标准千差万别，但在是否符合社会进步这一点上却是一致的。这一点，已被人类长期发展历史，特别是近当代发展史所证明。基于这一事实，思想家和发明家对自己的使命和责任更加坚定不移。尽管在现实社会中，思想自由并未受到政治当权者、学术权威、宗教势力、传统习俗、民众认知等普遍认同，比如存在政治上便利权宜第一，真理其次；神学上共情安抚第一，真理其次；道德伦理上仁义第一，真理其次；族群核心文化上传统经典第一，真理其次等问题，甚至在某些统治者思想中使人不思、不疑、不反，知足长安，对统治者安排的生活充满感恩之情的现象犹在，但是，思想家已经认识到自己的首要义务是听从理性和真理的召唤，他们已经识得那正确之路就是沿着自己认同的方向勇敢地前行。也许并不是所有思想家都会取得成功，他们知道自己选择的路线是一次冒险之旅。为了避免使自己的思想因受到某种压力或诱惑陷入违心和取媚的境地，“那些不愿趋时附会的人，则通过窄化他们的思想和兴趣，以便能在原则范围之内不致犯险地说出，也就是说将话题缩小到琐碎的实践问题上”（引注同上）。显然，我们今天一致认为，一个思想家或发明家就算最终得出的结论是错的，他的思想和实验都是十分珍贵的财富，他将启示他人在同类问题上思考得更加精微，在实验上做得更为精准。当然，对比那些不敢思考或固守陈腐观念的人来说，一个失败的思想家在推动社会进步上也要比这样的人贡献多得多。又何况，不仅仅因为要成为伟大思想家、发明家才需要思想自由，相反，这是社会进步让普通人能够获取他们所能达到的精神高度，发现他们所具有的智慧和权利、创造和丰富美好生活发出的心智唤醒和行动吁请。

社会进步论在思想上带给我们的启示和推动包括以下几方面：

第一，社会进步论对重估一切价值，重新阐释传统经典意义和评判权威地位提出了现实性需要。仅就欧洲19世纪以来哲学思想发展而言，我们就可以从黑格尔、尼采、马克思、海德格尔等人思想中感受到波澜壮阔的思想变革浪潮的冲击。伴随着对社会新问题的思考，对人类未来社会的设计与构想，不仅很多传统的思想观念被修改，而且还同步诞生了许多新观念、新认识、新规则，这些新观念、新认识、新规则是由人类社会进步观念引起的，并通过人类社会实践获得了应有的历史肯定。在社会进步论的前提下，我们评判思想的先进与否、对与错除了科学实践和逻辑推理等经验理性方法以外，又多了历史性参照系。比如，在20世纪初期的英国，“过去人们常说，一个自由思想家肯定是不道德的，现在再也听不到这种陈腔滥调了。可以说现在已达到这样一个阶段，人人都承认，他认为（梵蒂冈人除外）天上地下没有什么事情不可以合法地讨论，而无须像过去一样，常由权威强加臆说”（《思想自由史》）。又比如发生在英国的这样一件事，埃塞克斯郡一所济贫院院长受邀为一个垂死的穷人充当牧师。这个垂死的人向这位院长喃喃地表达了自己死后想去天堂的愿望。可这位院长急忙打断他的话，并告诫他应把最后的思想转向地狱。他说：“你应当感恩，因为你有地狱可去。”前一个例子让我们相信随着社会进步，一切封闭保守的观念都将面临开化和解放。后一个例子告诉我们，在我们现实生活中，腐朽乃至罪恶的思想仍在某些地方和领域作怪。可是，因为社会进步了，公众思想的评判力得到极大提升，针对后一种思想，人们不难识破其真面目，且对此会予以强烈批判。

第二，人们对当下现时性的需要和满足成为思想的主要目的。J.B. 伯里认为：“这一理想得到了历史进步学说的有力补充，这个学说是杜尔哥于 1750 年在法国创始的，他把进步视为历史的根本原则，后来孔多塞又加以发挥（1793 年），在英国则由普里斯特利提出来。”（《思想自由史》）

在启蒙时期的哲学家身上，我们看到这一思想贯穿在法国笛卡尔的思想中，之后卢梭、伏尔泰、狄德罗进一步将其推向深入。这一思想的核心是肉体和精神是不可分的，思想的目的不仅仅是精神的需要，也是包括肉体在内生命幸福存在的需要。所以，思想的目的应致力于使生命存在更快乐、更幸福。这一思想启发了英国的哲学家，他们更加直白地提出自己的思想和主张，就是以边沁、詹姆斯、穆勒为代表的功利主义哲学的诞生。他们主张把大多数人的最大幸福作为行为的最高目标和道德基础。这一思想在欧洲人生活的现实体现就是个人权利和欲望得到逐步尊重和释放，而以往长期压制人们思想和欲望的教会权力逐步衰落。当我们把目光朝向历史，我们凝望得越久远，就越发感觉到宗教在文明中的重要地位。可是，当我们把目光投向现在和未来，随着我们不断前行，宗教就越来越往后退。从思想自由上来看，宗教以及经院哲学一直都是其最大的反对者。就算到了 20 世纪初期，教会特别是天主教会仍然坚持保守观念，虽然无法阻止社会的进步，但也竭力压制思想自由。

J.B. 伯里对此写道："在西班牙，教会拥有巨大的权力和财富，而且仍能够支配法庭和政客，在法国和意大利充满活力的进步的思想，在这里却还没有感受到它的重大影响。自由思想的确在人数很少的受过教育的阶层中广泛传播，但是整个人口的大多数是文盲，使他们保持这种状态符合教会利益。"（《思想自由史》）特别是，西班牙进步人士费雷尔因为致力于创办进步学校受到教会的仇视，他们通过捏造罪名对他发起指控，并处死了他。这个事件令整个欧洲感到震惊和愤怒，同时人们也看到在欧洲的某些角落里，中世纪精神残余仍然富有活力。

但在英国，思想自由在现世生活中不断赢得自己的空间。典型的如霍利约克和布雷德劳。布雷德劳令人铭记的伟大功绩是争取到被选入议会的不信教者不用宣誓的权利（1888 年）。霍利约克的主要功绩是经过他的努力取消对出版业征税，因为这种征税大大妨碍了知识的传播。

第三，基于对未来可能性想象，社会进步论为人们畅想未来和思想自由提供了广阔空间。人们相信社会会不断进步是因为人们看到科学和技术的飞速发展。正是科学的力量为思想自由插上了翅膀。法国哲学家傅立叶当年曾预测将来有一天，海水通过人的技术处理会变成柠檬水。今天，海水淡化已经不是问题。甚至，今天的科学正在研究海水的可燃问题。古人讲水火不容，今天这些观念都在科学面前不攻自破。同时，科学在宇宙空间探索、生物遗传学的研究、人工智能的研究等领域取得的成果正在颠覆人们对世界的认知，特别是当前数字技术发展和元宇宙理论打开了我们拥抱虚无的大门。每天世界上都可能诞生成千上万个发明，科学的全面爆发从

我们经验里的东西，都可以成为一门相应的科学的研究对象。它是一种方法，而不是一种体系，唯一的最后目的就是以一元化的知识去理解人类的一切经验。

不同的领域推动社会实现了日新日日新！尽管科学的进步不完全等于社会进步，但科学的进步却成了推动社会进步的主要力量。每一个新的科学发明都对社会的观念、生存方式、人与物的关系、处理问题的手段等诸多问题带来关联性影响，这些影响都不同程度决定了社会的形态和人的存在。这种现实让人们逐渐把价值关注和探寻出路的眼光投向未来，特别是年轻人在接受新事物方面更加没有障碍。有人把社会进步论看作是主导 19 世纪发展的精神力量，并从对后代负责出发将其确定为新的伦理原则。J.B. 伯里认为这一提法至少有两点显著益处，一个是削弱人们过去对入土后去到另一个世界的生活兴趣，二是消除了那些认为人类生来堕落、产生过很坏影响的教义。

科学进步无时不对人的世界观产生冲击和引导。20世纪初期，德国一些哲学家曾根据能量守恒的原则重新提出一元论。这个理论主要来自生物学家海克尔和化学、物理学家奥斯瓦德。新一元论主张："我们经验里的东西，都可以成为一门相应的科学的研究对象。它是一种方法，而不是一种体系，唯一的最后目的就是以一元化的知识去理解人类一切经验。"（《思想自由史》）科学的一元论与宗教的一元论完全不同，科学的一元论认为人生观应建立在科学基础上，宗教的一元论认为人生观应建立在对神无条件的信奉上。科学观与宗教观尖锐对立。就现世而言，宗教持悲观态度，新一元论持乐观态度，他们相信社会进步过程会越来越多地克服人类身上的不利因素，同时技术与工具还对人类身上这种先天的欠缺带来弥补。新一元论宣告，发展与进步是人类行为的实际准则。

三、思想自由超越理性抵达诗意

尽管思想自由在科学进步方面取得全面胜利，但近代思想自由绝不仅仅表现为对人功利目的的追求和满足，也体现在对人意志力、想象力的开放和释放，对艺术形式的创新突破，以及对现实世界诗意的呈现上。维特根斯坦说，"这个世界是事实的总和，而不是物的总和""可以思考的东西，也是可能的"。思考世界即将世界变成一幅图画。他提醒我们语言不是被表现的东西，而是表现的手段。不要把语言理解为词语或句子，而应理解为游戏，一个包括词语、句子以及人类活动的整体。没有不存在，只有未被表达。重要的不是经验，而是对经验的表达。正是维特根斯坦在语言上的研究与发现把哲学引向阐释的新领域。

尼采从古希腊悲剧中看到个人（英雄）对人类苦难命运的独自承担。相对形而上学对普遍和永恒性的追求，尼采更看重人的意志力和献身精神。这一选择显然是非理性的。如果把真理看作是万物变化的必然之因的话，那么非理性就是决定人成败的偶然之因。帕斯卡尔将其表述为掷骰子。他说："是的，然而不得不赌。这一点并不是自愿的，你已经上了船。否则，你将选择哪一方呢？……你有两样东西可输：即真与善；有两件东西可赌。即你的理智和你的意志，你的知识和你的福祉；而你的天性又有两样东西要躲避：即错误与悲惨。"（《培根人生论 蒙田随笔集 帕斯卡思想录：西方三大哲学散文全集》，陈洁、薛咏编译，新世界出版社，2011 年 10 月）

在面对人生抉择的关键之际，帕斯卡尔的选择显得有些算计和犹豫，而尼采则多了几分果敢和悲壮。他从悲剧的角度考察，认为选择的悲剧性是本质性的：一个人必须下注，一个人必须选择。也就是说，一个人必须弃绝那选择的模糊性。尼采在他的自述里说，《悲剧的诞生》写的就是他自己。

在思想上，尼采提出重估一切价值。他努力扩大思想的范畴，特别是改变了依靠推理、演绎、数学等理性主义思想的方法进行思考，创造表现在两个方面，一方面创造"系谱学"起源分析法，代表作是《论道德的谱系》，另一方面是思想诗学表现法，代表作是《查拉图斯特拉如是说》。尼采的举动带给思想自由的触动是显著的。第一，尼采不再把思想物表述为理性的存在物，而是诗性 + 理性的存在物，即遵从诗意原理（抒情和意志）。第二，尼采在对起源研究中，既不是从心灵出发（笛卡尔），也不是从物出发（斯宾诺莎），更不是从形而上学出发（亚里士多德），而是从词源出发，通过研究一个词的起源和演化，来洞悉事物的规律和本质。代表作是《论道德的谱系》。第三，尼采放大了意志和情感的作用，使思想与意志成为同一的东西。这一点，尼采完全站到了斯宾诺莎一边。但在意志表现上，他又和斯宾诺莎不同，斯宾诺莎强调意志是由外在物决定的，而尼采认为那是来自一个人内心的主动力量。第四，尼采在验证思想正确性方面，取消了真理标准，甚至重新界定了正确、错误、好、坏、善、恶等概念，而这些概念并不依据万无一失的圆满理论及严谨的推演方法作概念界定，而是依据意志力的强弱，亦即强者生存的逻辑来界定。因此，检验尼采思想正确性的标准不是真理，而是获胜、征服、控制、主导等权力存在。尼采打破了旧有的理性规则，救出了思想，还给思想真正的自由。但也使思想在所谓强力意志（主观意愿）的推动下越来越无规则、无底线。

荷尔德林受黑格尔的"一即多"思想影响，意识到了笛卡尔思想造成的人与神、人与物、思维与存在之间的撕裂。他意欲弥合这一缝隙，提出"情感—理性合一法则"，同时，通过对自然和古希腊精神的崇尚，建立人内在的神圣性。他写道：

已获安慰！生命值得痛苦，
只要神的太阳照耀我们，
更美好的景象徜徉于心，
啊！友好的眼睛陪我们哭泣。

——《给诺伊弗尔》，戴晖译

海德格尔意识到了尼采的过分，但他认为尼采的方向是对的，所以，海德格尔把思想的理性部分和感性部分分开，即将思想和思分开，把诉诸理性的部分称为“思想”，因为有理性的限制，因此，这部分思想是有遮蔽的、不澄明的，更适于提供局部的认知。另一部分是关于宗教、诗的，这一部分来自心灵的感应，是没有固定原理和规则可遵循的，却也是人直接的反应。海德格尔称其为“思”。受荷尔德林影响，他认为诗意的存在只能在思中获得验证和抵达。同时，基于中世纪以来哲学与神学纠结不清的关系，以及古希腊以来形成的欧洲思想传统，海德格尔做了中庸式处理。他认为在思的状态下，人可以向天地自然万物敞开。海德格尔回避谈论上帝，他把上帝（先在的完美性）描述为古希腊哲学中真理存在的无蔽，人也不再是一个囿于个人狭隘意识的主体，在澄明的状态下，人就是天、地、人、神四位一体的主体（自在）。至此，人实现了真正思的自由。海德格尔希望在人身上，依靠打通人自我认知的局限性实现对世界的打开。在这一点上，海德格尔要比尼采更诗人。从诗人的类型来看，尼采是一个浪漫主义诗人，而海德格尔则是一个表现主义诗人。一个是狂想型的，一个是冥想型的。一个趋向于自负和争斗，一个趋向于沉静与潜行。

需要指出的是，诗人本身就是思想家，他们创作的作品不仅具有审美价值，也具有思想力和启示力，成为推动社会进步的积极力量。比如但丁的《神曲》、弥尔顿的《失乐园》、马拉美的《骰子一掷，改变不了偶然》、艾略特的《荒原》、瓦雷里的《海滨墓园》等。海德格尔在《诗人哲学家》一诗中做了精准的描述，他写道：

道路与思量，
阶梯与言说，
在独行中发现。

坚忍前行不息，
疑问与欠缺，
在你独行路上凝聚。

晨光在群峰之巅静静升起……

世界之暗从未到达存在之光。

走向一星，唯此足已。

（《诗·语言·思》，［德］M. 海德格尔著，彭富春译，戴晖校，文化艺术出版社，1991 年 11 月）

四、在现实中，做一个思想家是有风险的

思想是人内在的思维活动，如果不诉诸表达和行动，你想什么，别人无法干涉，也不会知道。但人只要思想总会诉诸表达，思想的不自由也就转而体现为言论的限制。针对人们呼吁要做到言论自由，克尔凯郭尔写道："人们几乎从未运用自己已经拥有的自由，比如思想自由；相反倒去要求什么言论自由。"从关系上说，思想在先，言论在后。言为心声，一般来说，心怎么想嘴就会怎么说。但事实上，想与说是有很大出入的，否则就不会有谎言了。思想遵从求真的目的和原则，表达遵从沟通的目的和原则，一个思想可以

有很多种表达方法，因此，表达方式的不同可能完全曲解了思想的原意。维特根斯坦主张对不可表达的思想保持沉默。沉默不是不说，沉默是一种全身心的领会。这是最高级的表达。

我们常说的思想自由是思考力的独特体现。但是，人们出于懒惰自愿放弃思考。因此，很多人对某些事物要么压根就不思考，人云亦云；要么浅尝辄止，仅做表面思考。这些人的观点和见解只是态度的产物，不是思想的产物。态度表现为对一个固有或已有观点赞同与反对的选择，是站队或投票式的。思想力的浪费和丧失使我们面对问题时让自己降低到态度的选择上。毫无疑问，“表个态”要比“拿一个想法”容易得多。还有一些人是不屑于思想，他们自认为自己所作所为都是最高明的。正如宗萨蒋扬钦哲仁波切发现的那样：“我们没有勇气和能力善用真正的自由，只因为我们无法免除自己的傲慢、贪求、期待与恐惧。”

思想来自怀疑，而怀疑来自对真理的找寻。古希腊古罗马时代，思想开启了人类文明之光，思想家纷呈。中国的先秦时代，战乱培育了思想家，百家争鸣铸就了中国思想史最辉煌的高峰。尽管思想对人类进步来说是一个离不开的东西，但是，我们看到思想并不都是自由的。很多思想家为了思想吃尽了苦头，甚至献出了生命。苏格拉底为了捍卫思想的神圣性，在逃生和死亡之间，毅然选择了面对死亡。害死苏格拉底的是一些害怕思想的人。因此，我们看到思想是否自由取决于你思考的问题会触动谁的利益。毕达哥拉斯也因为思想被迫害致死，但他和苏格拉底不同，他选择了逃跑，只是在逃跑中为了遵从自己的“忌讳”，即不踏入豆地，而被追杀。他算不算是被自己思想羁绊的典型呢？我对此说不大准。我在想，犬儒派的出现一定是看到了思想的风险性，才选择自我修身的。在先秦时期，思想家们都积极地为治国理政出谋划策，唯庄子强调无用。庄子为什么要强调无用呢？就因为思想家常常被杀。在《人间世》中，庄子记录了颜回见孔子，请求去卫国说服国君，不要施以暴政的故事。孔子知道颜回的来意后惊讶地说："嘻，若殆往而刑耳！夫道不欲杂，杂则多，多则扰，扰则忧，忧而不救。古之至人，先存诸己，而后存诸人。所存于己者未定，何暇至于暴人之所行！"（《庄子·人间世》）这个思想和释迦牟尼的"自度度他"不谋而合。不过，庄子说夏桀杀害了有思想并敢于直谏的关龙逢，商纣王杀害了有思想、直言相谏的叔叔比干，其原因并非这些人强调做人要正派的结果，而是王权容不下异己的表现。

那些为人类发展提供了持久思想指导的人们，我们称他们为"思想家"。全世界堪称思想家的人自古至今算起来并不多。古希腊思想影响欧洲两千多年，就算中世纪政教一体化时代，也没有脱离古希腊思想家的影响，其中两位著名的神学家圣·奥古斯丁师承柏拉图，托马斯·阿奎那师承亚里士多德。在中国，儒释道影响中国两千多年之久，今天，我们仍将这些思想奉为准则加以遵从。这一不朽的现实构成了思想者的价值观。

但要成就新的思想，就必须突破前人的思想框架，因此，思想家必须具有看破前人思想局限的眼力和气度。笛卡尔不从道德上来论述这种怀疑的对与错，而是从思想的本源上予以追问。他发现思想无论是出于对真理的追求，还是出于完善对事物的认知，思考都发生于自我身上，而促使自我思考的动力都是怀疑。这个发现改变了以往思想是天赐、神赐的观念，破解了思想的秘密，并把思想还原为一个人对自我存在的追问。我们都知道他那句著名的话，叫：“我思考，我怀疑，故我存在。”笛卡尔是改变欧洲乃至世界思想轨迹的人，他让思想回到人本身。还有一个人也是改变世界思想轨迹的人。这个人就是康德，康德受笛卡尔启发，在对思想做还原时发现思想体系的混杂性，比如自然科学和社会科学是不能完全共融的，但我们常常拿自然科学的道理解释社会科学，于是，他大胆地做出决定，将自然科学和哲学分开，将它们放在两个完全独立的体系内考虑，这便是他撰写的《判断力批判》和《纯粹理性批判》。可以说康德是让思想回到思想本身的哲学家。这既是一个思想上的突破，也是一个不好的兆头，由于在思考上努力脱离与自然科学的关联，康德之后，哲学思想的路径越来越朝向语言本体和方法论发展。这造成哲学的影响力逐渐被自然科学的影响力所替代，哲学走向了书斋和没落。甚至，海德格尔宣称哲学已经终结了。

五、中国思想的痼疾：思想统一

通常人们都是基于自己的目的需要，或者追求更高目标去选择不同的思想方式。中国人强调民以食为天，所以，林语堂说西方人用头脑思考，而中国人用肚子思考。中国近代社会和文明的衰落核心表现在思想力的衰弱。洞察中国近代思想衰落的根源在于思想统一，即依靠儒释道思想统领认识，并且长时间固化，缺乏创新，缺乏活力，使得思想能力和思维结果与外在追求科学、技术和民主的世界进步环境不协调。思想统一不单是一句政治话语，也是一句宗教话语、哲学话语，在“思想统一”的胁迫、利诱和强力驱使下，现实中，人们拥有的思想自由空间其实很小。人在成长中，教育灌输给人的无非是对思想套路的遵循。一个有天真烂漫想法的孩子，最终被我们培养成“听话”的孩子，其付出的代价也是“思想自由”。真理和箴言无非也是一些律令，言外之意，这些不需要思考了，这个是千真万确的！宗教教旨也是以圣言的方式存在的，信徒不能对此怀疑、否定，而只能信从。所以，思想的自由是一个存在中的大问题。但更大的问题在于，人们不认为这是问题，而与此相反才恰恰成为问题。比如，诗人、艺术家是按照思想自由思考问题的，疯子是按照思想自由思考问题的，因此，人们通常不听诗人、艺术家所说的话，他们把诗人、艺术家所说的话等同于“疯子”之言。

思想自由是有风险的，但也正是因为风险，思想自由会带来更大收益。一个组织能够容许内部思想自由，看中的一定是创新能力和活力，而不是对固有思想的保守和维护。当套路思维陈腐落后的时候，多一个人思想，就多一条出路和选择。我们常说解放思想，这是一个非常严重而现实的问题。人的思想经常处于囚禁状态，是谁将人的思想囚禁起来了呢？有时是外界因素，比如政治、军事、宗教、法律等，有时是我们自己。外界的囚禁容易看到，但我们自我囚禁却不容易发现。这基于绝大多数人对思想权利的放弃。“多一事不如少一事”成为人们的生存哲学，持这种思想的人就是把自己囚禁于其中了。表面上看，这些人不需要思想自由，其实他们内心是希望有更大的自由。但不知思想的自由是通过思想获得的，而不是通过不思想而获得的，所以，从思想的可能性和选择上来看，他们没有新的发现和发明，到死都可能只有一句“多一事不如少一事”，这样的人得到了他们想要的东西——“安全”，也因此让自己划入一个分不出你我的群体——“平庸人群”。从风险的角度看，比如和被杀头相比，苟且的生活很有市场和人缘，并且获取成本不高，仅仅放弃思想就能获得。可见，我们生活中绝大多数人选择苟且的生活就不足为奇了。

从安全的角度来说，做一个有独立判断和思想的人的确是一种危险的选择。事实证明，世界越来越表现为功利关系，而不是美学关系。这意味着人类活着不需要太多的思想，而思想越多带来的管理成本就越高。从文艺复兴对思想自由的追求到后现代放弃思想，回到欲望和狂欢之中，西方哲学的没落表明思想自由不是人类最终的拯救手段。消费时代就是把人从思想的动物变成不思想的动物。技术的先进将逐渐剥夺人们思考的权利，在人的操作中，甚至不需要人为的自动操作中，我们越来越习惯适应设计好的键盘和程序。

说到当下和未来，思想家们普遍悲观。但正是由于困惑才能激发人们思想，对此，我愿意相信克尔凯郭尔的判断：人们几乎从未运用自己已经拥有的自由，比如思想自由……

技术是人的本质，没有技术就没有人，离开技术谈人性只能是形而上学的虚构。

技术是人的本质，没有技术就没有人，离开技术谈人性只能是形而上学的虚构。

技术时代的艺术选择

一、艺术和技术的关系是对立的吗?

在汉语里，“技术”这个词包含了两个内容，一个是“技”，指某方面的能力，“术”，指方法、途径以及达到某种效果的特有手段。在古代汉语里，技与法常连用，术与道常连用。庄子在《养生主》里通过庖丁解牛来说明，道即术，不明道，术断不会高。这种思想影响了中国诗歌几千年。比如刘勰在《文心雕龙》里说:“盖《文心》之作也，本乎道，师乎圣，体乎经，酌乎纬，变乎骚，文之枢纽，亦云极矣。”可见中国古代诗学不是把术和道对立起来看待，而是当作次第关系看待。因此，古代诗歌批评对术的批判多基于颠倒道次关系，放大术的作用，批评话语常为“辞藻华丽”“刻意雕琢”等。在具体创作中，诗人把“道”表述为“心”，这既是一种“道”的内化，也是在诗人的小宇宙里突出了精神的本源地位。陶渊明曾作诗《形影神》三首来深入展现精神本源与感觉表现的关系。其中在《形赠影》中写道:“我无腾化术，必尔不复疑。”表达了自己道心素朴的本性。这种道心与“天地长不没，山川无改时”是一样的不容置疑。陶渊明是反对技术的，他认为技术，比如“腾化术”是违背天地大道的小伎俩。这里的技术问题还是就诗歌本身写作而言。不过，儒家思想以及墨家思想都是重视技的。《论语》中说：“工欲善其事，必先利其器。”这里的“器”不仅指工具，也指掌握工具的能力，即技。但因为儒家思想带有强烈的实用性目的，所以，这种思想在诗歌写作中除了“载道”功用以外，并没有被广泛提倡。相反，技与法在诗歌、书法、绘画中逐渐形成了系统性的表达。这些来自关于诗歌写作的经验性总结是中国诗学的基础和主要理论。今天我们回溯中国古典诗歌的发展脉络，不难发现，尽管“道统”思想从未变过，但诗歌的形式、语言和技法无时不在变化，而且这些技艺的改变成为一个时代诗歌写作的转折点和标志。诗歌的“形神”问题是一个古老的问题，我不想就这个问题做更多的饶舌。在本体论和方法论占据思想高地的今天，我更关心的是文学艺术和AI以及泛技术时代的关系。在工业革命狂飙突进的时代，荷尔德林敏锐地意识到一个紧迫的问题，即：“技术丰富，而精神贫乏的时代，诗人何为？”我的问题差不多也是这样的：在一个越来越智能的AI时代，诗人何为？

对此，我们有多种选择，一是回看，把历史当作典范，在“传统”的道路上做一个忠实的捍卫者，就像荷尔德林把古希腊看作是理想的故乡。怀旧和弘扬传统是诗歌永恒的主题。历史地看，诗歌构建的正是一个民族的精神谱系。二是对过去和未来都表现出巨大的失望，过去回不去了，未来又不值得向往，这样我们就会看到一切美好时代的终结，像诺瓦利斯为自己和时代唱出凄凉的挽歌。挽歌式写作出自古希腊英雄史诗和悲剧。正是对当下和未来的绝望感才唤醒我们对已经失去东西的深深眷恋和歌赞。正如悲剧艺术带给人的不是绝望感，而是深深的震撼和敬畏一样，挽歌唤醒的正是人们对自我存在的庄重审视。三是像艾略特面对一个不如意的时代表达出自己的抱怨和批判，指出一个时代的病根，比如他创作的《荒原》。诗歌的批判性始终是艺术介入和干预生活的有效方式，也始终占据着诗歌艺术现实性的高地，深受读者喜爱。诗人以正义和良心的名义，对现实发出他爱与憎的声音，这是诗人天赋的权力和责任。这种责任感不仅在过去伟大诗人身上是可贵的品质，在今天和未来诗人身上也都不容置疑是可贵的品质。四是从时代中敏锐察觉到新的创作源泉和语言，像卡夫卡和马尔克斯写出人存在的荒诞不经和不可逆转的命运。当然，也可以像达达主义一样采取不妥协、不参与的自我放逐态度，成为生命自己的歌者。一个时代有一个时代的诗歌高峰，谁能把握住时代的特性和人们的精神需求，创作出具有时代标记的代表作品，这不仅考验一个诗人的才华，也考验一个诗人与时代对话的敏感度和思想深度。要不要与时代对话，这个问题就个别诗人的写作而言不构成问题，但就整体诗人而言，这是一个不容讨论和回避的问题。我们怎么能避开生存的时代带给我们的种种影响写出属于当下时代或超越当下时代的诗歌呢？所以，问题变得简单了，那就是每个诗人都必须寻找到自己和所处时代对话的语言。海德格尔意识到技术“座架”对人性的“反噬”，所以，他主张诗人通过语言的独立性实现人诗意的自由。他说：“每个伟大的诗人都只出于一首独一之诗来作诗，衡量其伟大的标准乃在于：诗人在何种程度上被托付给（anvertraut）这种独一性，从而能够把他的诗意道说纯粹地保持于其中。”（《在通向语言的途中》，[德]海德格尔著，孙周兴译，商务印书馆，2004年9月）总之，道路不止一条，诗歌没有也不会终结。但现在的问题是，我们是否意识到了诗歌自身问题的严重性和面临的挑战？我们是否深思过一个全新的技术时代对一种全新诗歌发出的呼唤？

二、技术带给艺术哪些改变和冲击？

公允地评判技术带给我们的改变就要从技术中看到它积极的因素，而不只是对技术诅咒和否定。历史地看，社会的进步与生产力的高下密切相关，而生产力来自技术和工具的不断革新，这已是不争的事实。哈贝马斯曾说技术就是生产力。人类社会只要希望迈向进步，就离不开技术的支持。法国哲学家贝尔纳·斯蒂格勒曾专门研究人类发展和技术的关系，写成了《技术与时间》，他从古希腊爱比米修斯分配所有生物生存能力时遗忘了人类这一神话中，寻找到人对技术依赖的根据。人先天具有依靠自然生存的缺陷，是普罗米修斯从神那里盗取了火种给人类，人类才拥有了利用技术而生存的本能。他认为技术是人类为弥补缺陷而获得的性能，“缺陷存在”是人类的第一品性。人类的第二品性是对技术和工具的依赖，即“代具性”。他发现：“技术是人的本质，没有技术就没有人，人的进化其实是一个动物性退化和技术能力增强的历史过程。离开技术谈人性，只能是形而上学的虚构。”（《技术是解药，也是毒药——对话法国哲学家贝尔纳·斯蒂格勒》顾学文，《解放日报》，2018 年 4 月 27 日）这种观点可以看作是技术的历史观。历史地看，艺术始终伴随技术的进步而进步。比如绘画受光学技术影响，有了透视法，雕塑受冶炼技术影响有了不同形式，书法受印刷术影响由功用转向纯粹艺术。今天，AI 技术正在颠覆人的空间观念和传统的思维方式。数字空间使虚无变成实存，使假设和想象变成元语言。元宇宙把我们从宏大天体的控制中解脱出来，每个人都可以基于元宇宙成为自己的上帝。这种技术思维其实就是艺术的思维，AI 正是神话和诗意的现实兑现。因此，从根本上说，AI 不是反人类的、反自然的，它恰恰是人的进化。

未来学家库兹韦尔认为，人类并不仅仅遵循达尔文式的进化，在整个进化的过程中，技术的进化是人类进化的标志。技术进化的突出特征在于进化过程不再是达尔文所说的自然选择，而是人工选择。这种选择是人类意志的体现，也是人类向未知发起的一种探险。并不是所有的这类探险都能达到人类自我超越（内在和外在超越）的目的，比如超级智能技术，这种神的发明或到来是不是一个真实的事件我们不得而知，但在超级智能到来之前，我们已经观察到一种人工选择，在社会的各个阶层和领域，我们都见到一种人工选择。事实证明，人类对新技术的浓厚兴趣远远大于对它的戒备和恐惧。哲学家们一直在努力为机械工具、数码和网络技术等的广泛运用寻找理论支持。比如海德格尔试图从“存在与时间”的视域，重建技术与人的关系，他指出了技术的“座架”正在突破宇宙系统，成为人存在的局部控制。鲍德里亚从物与虚拟物的关联视域寻找到了技术构建起的物物平等关系。而吉尔伯特·西蒙东则把技术与人的关系看作是“缔结环境”（此在），他对海德格尔“座架”说的超越在于他肯定了技术与人不可分的关系。但显然，基于古老的形而上学或基于宇宙空间的真理性哲学视域已经很难理解数码技术。技术脱离了对物的依赖，进入“神话”时代，那些试图把数码重新定义为物的或者宇宙孪生的哲学，都无法实现对数码技术的真正解读。是的，技术正在变得不可思议。

三、技术不掷骰子，但人会相信骰子

技术的艺术创作，比如AI绘画，在于它不会出格，它靠对海量绘画数据优化来选择绘画。人类画家在创作时会依赖偶然的感觉，个人的感觉方式和表现方式成为一个画家独立的标志。AI绘画本身不具有个人的主体性，它的记忆（数据库）是公共信息，它的优势就在于它比人类记忆和选择能力都强。如果绘画是一项对以往经验优化的艺术，那么AI的做法是没有错的。AI克服了人类在情感和感受上的起伏不定，所以，绘画如果像克里斯蒂娃对互文性写作定义的“在羊皮纸上的复写”的话，那么AI堪称是绘画高手。但AI不会有“神来之笔”，不会有超验的创新。技术的特点在于它遵循规则，今天的智能技术正在把人的情感和创作“技术化”，机器有了学习能力，在涉及知识和算力等方面，机器已经走在了人类的前列。比如在围棋上，AI已经战胜了人类技术最高的选手。技术创作的音乐如果不说是技术创作的，人类一般情况下是听不出来是人创作和演奏的，还是机器创作和演奏的。人对技术的排斥是出于人的自尊心，而不是对行为结果的评判。事实上，人与机器对比，人的特点恰恰是人的缺点。人类在捍卫自身权利时，最后我们会发现那被捍卫的正是人类犯错的权利。

艺术创作的技术性如果不是全部由机器完成，仍然属于人的行为。技术在以往的各类艺术中普遍存在，且是不可忽视的存在。艺术创作的技术性问题不是要不要有技术性问题，而是谁的技术更高级问题。这些说来不外乎技术应用问题，包括技术的使用者对技术掌握能力高低问题。所以，现实中我们看到关于艺术创作的技术之争常常发生在具体人和具体作品上。当然，从审美角度上看，并不存在唯技术论，有的人认为技术高低决定了作品水平的高下，而有的人则可能恰恰相反，他们认为没有技术的拙朴和自然更高级。这里面的技术问题和今天面对的AI智能技术并不是同一个概念。前者还有技艺的成分，他对创作形式的把握有学习传统的成分，也有自我创新的成分。其中，自我创新存在一定的偶然性。AI的智能技术是机器学习和整合人类绘画技艺的过程，画家个人的偶然性因素在

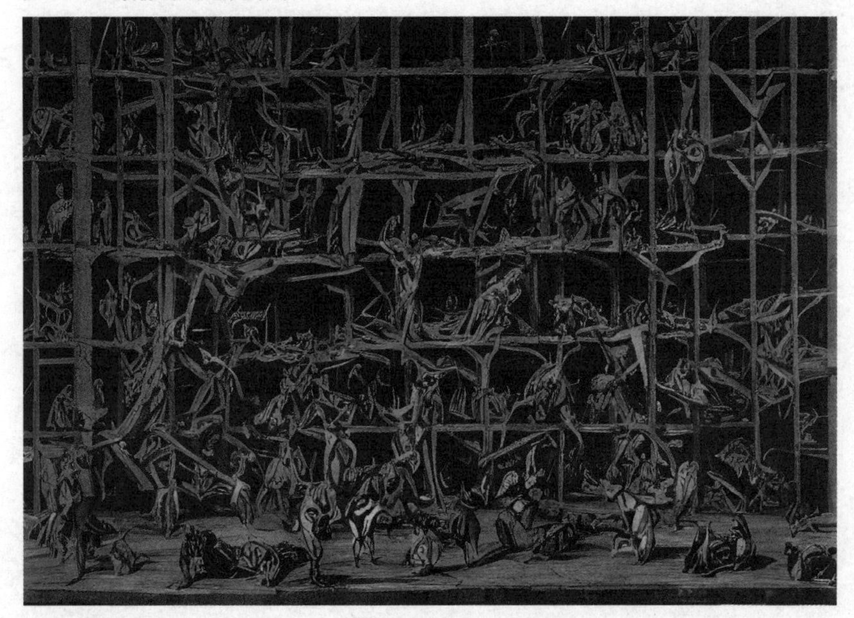

机器绘画和人类绘画的本质不同在于，机器不需要通过艺术创作获得精神上的解脱和抚慰。

此消失了，个人变成了集体，即数据库。

智能机器从事艺术创作最直接的威胁是侵入了人最后的自由净土。艺术向来被人视为独立与高贵的圣地，人在自然面前，在权力面前，在庞大的社会机制面前仍然固守一片自由的净土，这片净土就是艺术。但今天，机器正在向这片净土的占领者——人类发起挑战。机器创作的艺术品会不会比人类创作的艺术更高级，这个问题有待进一步去验证，作为可能性我认为是存在的。人类是不是认同这一点？会不会放弃艺术家而选择机器绘画？我觉得也是不确定的。就像照相技术的普及不是替代了绘画，而是丰富了艺术创作手段和表现形式。如此看来，AI 绘画也许没有我们想象的那样可怕，它带给绘画发展的不是灾难，可能恰恰是一次革命和新生的机遇。

机器绘画和人类绘画的本质不同在于，机器不需要通过艺术创作获得精神上的解脱和抚慰。人与绘画之间建立的精神关系，包括谱系伦理关系，在机器绘画面前都失效了。机器取消了一切根系，比如历史性、地域性根系，比如流派和风格的演变根系等，数据库里存储的海量信息都以共时平等的面目并存在一个平台上，它们无形、虚无，却具体存在。相对于哲学的理性和社会的功利性来说，艺术一开始就是荒谬的（非理性），这是人类自己给自己制造的荒谬，尽管人们希望将艺术的创作过程规律化（美学）、方法化（艺术学），但艺术从来都没有满足于这些成文的规定。现代艺术哲学把这种荒谬性解释为可能性，说白了就是在艺术家眼里没有什么是不可能的。AI 智能创作是否符合艺术创作的荒谬性呢？这要看这项技术的发展如何，比如，我们认为机器是不掷骰子的，但机器具备了人类的“灵感”，机器是没有感情的，但机器有了感情，这些荒谬性都足以颠覆我们三观。今天，我们认为机器参与艺术创作破坏了艺术由个人建立起来的神秘性和独特性关系，破坏了艺术家赖以自傲的神话语境，所以，我们抵触，甚至否定机器艺术。但越来越多的事实证明，机器技术在艺术创作中的存在是不能否定的，我们越是反对它就越是肯定它。本雅明早就看到了这个事实，“机械复制时代”的艺术不是艺术的末日，反而大大推动了艺术的普及和传播。当代艺术家埃德·阿特金斯利用高清技术和身临其境的声音装置创作作品，他的作品人物都是电脑制作的面容，并且这些面容眼里都流着透明又黏稠的眼泪。他对自己这些图像产生的矛盾力解释说：“他们荒谬地活着，又完全死了。”艺术家们也许不希望看到这样的现象出现，即机器技术在未来不是一个公用而冰冷的名词，机器技术是主观的，不仅有思想，有想象力和创作天赋，还有情感温度。机器技术对艺术的创作不是为了通约和取消差别（作品丧失个体性），而恰恰是要制造和凸显差别（艺术的独特性）。我觉得就算这一天会到来我们也不必惊讶！艺术不就是追求荒谬吗？如果我们想到所有机器技术都是人发明的，我们就不该对此感到担心和失望，而是应该高兴才是。这说明，人类终于按照艺术家的思维开始看待和理解世界了。

四、机器技术下的艺术创作

我们愿意相信“艺术来源于生活”之说，那么，我们看一下今天手机和电脑的普及率就不难发现机器技术已经深深地介入了我们的生活。除了我们日常生活已经离不开这些机器技术以外，今天阅读和创作也都开始依赖机器技术。电子书改变了我们的阅读习惯，我们可以读，也可以听，我们不必一定要坐在图书馆或书斋里捧着一本书读，在散步、坐地铁的时候也可以读。我在 2022 年读完三百本书，这都要感谢机器技术。机器技术带来的便利性打破了人类为阅读构建的种种隔断，比如书架、图书馆、书房等，阅读不再是一个属于少数人在特定条件下才有的权利，阅读正在向所有人开放。机器技术参与艺术创作和阅读面临的改变是一样的，机器艺术创作正在打破人类为艺术设置的种种界限，使艺术创作向所有人开放。

对于艺术家来说，机器技术对生活的介入会带给他两方面的敏感，第一是思维方式的敏感。因为现实存在的样态已经完全不同，这些样态会激发艺术家的创作表现力。我们仍然可以把这样的激发归结为“艺术来源于生活”。第二是语言的改变。机器技术以它特有的语言方式深刻地影响了人类的交流和表达习惯，包括对话媒介、对话方式、语言方式等。当元宇宙、交互界面、数据库、数码、AI等这些技术名词广泛出现在我们交流语言中时，正像利奥塔看到的那样，技术名词已经具有了“合法化”身份，并从语义学和语用学方面改变了我们的交流和表达。埃德·阿特金斯在一次访谈中谈到自己利用技术创作的过程时说：“作品里的3D模型是使用一款还在测试阶段的软件捕捉到的动态图像制作完成的。这款软件利用了微软的Kinect——这是一款以玩家的身体为控制器的游戏控制器。有趣的是，微软在Kinect发布不久后很快地公布了Kinect的代码，因为其知道编程社区将为Kinect找到各种令人惊讶的用途。这便是一个能够加强控制器识别人脸的程序。尽管它并不是令人难以置信的准确，但也足以让人感到离奇和惊讶了。模型和皮肤都是系统预置的——附带的那些模型然后被映射为追踪我的脸部运动。这就意味着它能产生一系列混合的外形来与我的面部表情保持一致。最后，它实时地追踪了我的脸，这表示我立刻就能在我的影像作品中看到一张脸。在此之前我不太愿意去表现一张脸。不是因为缺少尝试，而是由于‘引入’一张脸——尤其是一张正在说话的脸，一个‘主角’——似乎总是意味着我希望维持得更加散漫的许多区域崩塌了。然而这次使用的这个方式却仿佛扩张了那些可能性，即使它表现出来的人物形象只是个模型，不太真实。”（《艺术作家、独立策展人Sophie Risne独家专访》）

杜尚的《泉》和“小便池”是一个东西，但在杜尚眼里，它作为一件艺术品存在的关键在于被赋予了新的语言——泉。这个词可以让我们在凝视小便池时产生诸多联想，小便池作为艺术品被从商品和用具中独立出来，接受我们的审美观照。在此之前，人们一直将它视为一件用具，只有杜尚将它视为艺术品。这个作品当时受到策展人的一致否定，因为看上去这个作品就是一个现成的商品，这样的艺术创作太简单了，太容易了。但杜尚不这么看，杜尚后来匿名以《理查德·马特事件》为题给这个作品写了一段简短的说明。他写道：

人说交六美元就能参加展览。

理查德·马特先生送去了《泉》，未经讨论，这件东西就消失了，根本没有在展览上露面。

拒绝理查德·马特先生的《泉》的理由是——

1. 有人认为它不道德、庸俗。2. 另一些人认为这是个剽窃，搬用了一个现成的抽水马桶。

理查德·马特先生的《泉》没有什么不道德——听来也荒唐，卫生间的一个抽水马桶有什么不道德的。那只是人们每天可以从卫生设备店的橱窗里看到的一个固定的用具而已。

马特先生是否亲手做成了这件东西并不重要，他选择了它。他把它从日常的实用功能中取出来，给了它新的名称和新的角度——给这个东西灌注了新的思想。

在这情形里把它当成抽水马桶，却是荒唐的，要知道，美国仅有的艺术作品正是它的抽水马桶和桥梁。

（《杜尚传》，王瑞芸著，广西师范大学出版社，2010 年 12 月）

杜尚面对“小便池”的艺术创作态度正是我们面对智能技术时代需要有的，艺术家仍肩负着重要的责任和使命——“把思想和创造力从技术的实用中解放出来”。艺术和游戏可谓技术解放的标志。科幻作家尼尔·斯蒂芬森1992年出版的小说《雪崩》最早使用了“元宇宙”一词，而作为技术元宇宙的前身是桌游《龙与地下城》。马修·鲍尔在《元宇宙改变一切》一书中写道：“大多数人认为20世纪70年代基于文本的虚拟世界就是多用户地下城（Multi-User Dungeons，MUD），它实际上是角色扮演类交互式游戏《龙与地下城》（*Dungeons & Dragons*）的软件版本。在游戏中，玩家可以使用类似人类语言的文本命令进行交流，探索一个由非玩家角色（Non-playable Characters，NPC）和怪物组成的虚拟世界，获得装备和经验，并最终夺回神奇的圣杯，击败邪恶的巫师或拯救公主。”（《元宇宙改变一切》，[加]马修·鲍尔著，岑格蓝、赵奥博、王小桐译，浙江教育出版社，2022年9月）

从元宇宙技术发展来看，当代数字虚拟技术的发展来自文学艺术作品。文学艺术成了新技术的起源。列夫·马诺维奇在他的《新媒体的语言》一书中，把现代计算机技术的进步归结为受艺术的启示。比如数据库的元空间是受画家贾克梅蒂和波洛克的启示，而导航原理是受波德莱尔在一篇著名的文章《现代生活的画家》中提到的“漫游者”概念的启示。他要说的是新媒体时代的渊源恰恰是旧媒体。而艺术始终是这一变迁的驱动者和领航者。

正像贝尔纳·斯蒂格勒所说的“艺术是去自动化的最高形式”，所以艺术创作是对当下某种东西的超越，而不是基于对技术和权力等主流机制的同谋，也不是基于享乐。艺术对此最后完成的无非是两点：第一，用艺术修复技术造成的创伤与荒凉。第二，摆脱技术“座架”的控制，只有通过语言实现“诗意地栖居”。只有通过艺术，我们才能弥合人与机器之间的裂隙。只有通过语言，我们才能达成人与机器之间的和解和默契。当然，艺术仍旧是治愈我们自身伤痛的最好良药，这一治愈不只是“功能外化”，也是“活力内化”，是再造精神源，是对固有僵化机制的超越——诗意的秩序替代真理和实用主导生活，生命在诗意中获得尊贵的自足和自由。

消费时代与大工业时代不同，消费时代人不是被视为机器，而是被视为货币。商业销售行为就是要促成商品和人之间的交易，即人在消费中把自己花掉。

技术与消费正侵吞我们的个性

一、套路背后藏着怎样的企图？

2020 年 11 月 11 日，京东用微信抢红包的形式派发 2000 万元人民币，每个抢到的红包里有 200 元钱。但这 200 元钱不能马上到账，你需要注册“数字货币”专有功能，以“数字货币”去消费掉这笔钱。

人们几乎不加怀疑地听从操作指导，参与到对红包的拼抢中，对京东为什么愿意大把烧钱并不在意。这一任务如期完成，表面上看皆大欢喜。

帮助商家达成预期目的的核心因素有三点：1. 资本；2. 技术（网络平台、后台数据处理及资金安全保障）；3. 专有名词。当资本和技术捆绑投放的时候，我称其为“技术资本”，这有别于一般性资本，它突出了资本的垄断性和知识产权的私密性。而“数字货币”作为专有名词当下廓清了自己的领地和边界，使一个从未存在的事物有了存在的合法性和空间。这就是利奥塔曾警告我们的专有名词正在以语言的形式统治不同的领域。

二、语言合法性欺骗了谁？

在后结构主义理论家中，法国的利奥塔专心于对知识和技术话语的合法性、权力、功能以及语用学研究。因为他发现技术时代资本依靠技术优先权实现垄断，这与原始资本时代依靠占有生产资料垄断性质完全不同。

技术的保密性让生产指令简单化，人不需要了解整体，人只是某个简单指令的行为者。所以，知识语言的合法性替代了传统的宏大叙事成为权力的核心。当然，语言的指令简化也变相取消了人对思的追问（傻瓜模式），使得权力履行成本和障碍更小。这正是商家基于技术资本主义获取利润的图谋。

利奥塔把这一专业用语的存在现象和康德关于由纯粹理性界定区域的观点相比照，指出这一商业语境和哲学语境的某些相似性。他说："康德称之为范围、领地、领域的这些世界的共存状况——这些世界当然表示同一对象，但是它们又使这个对象成为词语世界中性质不同的（或不可比较的）期望值的界桩，它们之间不能相互转化。"利奥塔指出"资本要的就是单一的语言和单一的体系，它一刻不停地提供它们"。（转引自《普鲁斯特论》之《通向一种文化诗学》，作者斯蒂芬·格林布拉特，社会科学文献出版社，1999年1月）

三、技术囚徒就不是囚徒吗？

利奥塔从现实中而不是理论上看到了这样的现象，即专有名词正在某些领域行使它们的决定权。这是技术资本主义的特点，基于知识产权和竞争优先权的保护需要，技术资本主义一定是垄断式的，是设有壁垒的。

这使得技术资本主义并不需要一套统一语言系统，而更需要“单一的语言和单一的体系”，并以单一的语言模式输出表达。当然，这种“单一的语言”并不拒绝传播（链接或扫码），相反，它单一的表达方式恰恰是为了强化接受和记忆，且是不可选择的强行植入式记忆。

斯蒂芬·格林布拉特曾把利奥塔这一语言功能发现看作是资本放弃对领域的标识权，这种判断显然是错误的。实际上，这些技术资本高举着专有名词的旗帜，目的就是最大化地圈定自己的领地，只是这和早期的圈地运动行使的方式不同罢了。同时，斯蒂芬·格林布拉特试图把这种机制化的权力语言和巴赫金来源于精神和内心的“独白”话语相比照也是错误的，“独白”式话语是以自我为出发点和旨归，而专有名词是以强化他者认同为出发点和旨归的，这两种语言的功能完全不同。（关于斯蒂芬·格林布拉特的观点参见《普鲁斯特论》之《通向一种文化诗学》）

四、你能辨认出此刻的自己吗？

新历史主义针对语言权力的膨胀，曾试图通过强化对历史和现实的指认使其受限。比如重提文艺复兴时期文学对个性的塑造，为一个漠视个性存在的时代提供参照系。但这一努力未能阻止技术时代的快速发展。

从语言合法性或推理逻辑上看，语言从一个依靠事实作证据的“证真”时代结束了，进入一个以假设为前提，靠推理证明其不存在的“证伪”时代。这使得谎言也有了存在的合法性和空间。

语言权力的扩大根源在于技术资本下语言统治领域的扩大。这样的权力并不能保证被公允地使用，比如存在着利益集团利用技术对个人隐私的窃取和出售现象，这正是我们所担忧的问题所在。

伊壁鸠鲁曾说："死亡——对于我们是无足轻重的，因为当我们存在时，死亡对于我们还没有来，而当死亡时，我们已经不存在了。"（《古希腊罗马哲学》，北京大学哲学系外国哲学史教研室编译，生活·读书·新知三联书店，1957 年 7 月）伊壁鸠鲁是把人视作生命事实来看待的，对此无论把死亡视为物质的消失，还是视为感知能力的终结都必须由生命本身生出。

但在语言世界里，人不是作为生命事实，而是作为语言形式存在的，他的所有信息都是可以在后台进行修改的。这意味着作为表述中的人很可能不是原来的自己，人变得连他自己都无法确认。

五、谁侵吞了我们的个性？

理论上说，每个人都有个性，个性因人而异，这是个体区分的标志。但如果不从基因学上甄别个体差异的话，我们发现现实中绝大多数人是没有个性的，或者说个性已经被群体容貌和语言同化，这一现象正是由于技术时代到来所致。

工业化时代，流水线操作，人变成了机器。而在后现代信息消费社会里，人的需求不是被尊重，而是被设计和开发，人的兴趣和消费习惯受到商业强有力的引导。在商业普遍干预生活的背景下，人面临多种商品和消费形式的诱惑，这时人只剩下选择权，个性被选项的有限性消磨掉。

消费时代与大工业时代不同，消费时代人不是被视为机器，而是被视为货币。商业销售行为就是要促成商品和人之间的交易，即人在消费中把自己花掉。

六、每个人都暗中被市场所瓜分

斯蒂芬·格林布拉特认为“资本主义强调个性不过是虚假的”，这种判断要么低估了人作为消费者的货币功能，要么太善意理解资本主义牟利的意图。资本主义强调个性恰恰是切中个人个性缺失的要害，使其束手就范。

难道资本主义不是津津乐道于这样的运作吗？商品的个性化特征，以及文化的商业模式都只为把个性和货币消费相勾连，将商品的个性作为消费献媚使消费者获得愉悦和满足。这种行为貌似肯定个性、尊重个性，实则是打开个人消费空间采取的心理学伎俩。

在具体的消费过程中，每个人都消弭在庞大的群体里或大数据中，他们被单独识别出来都不是基于他们的个性，而是基于商家从他们身上看到多少利润。

七、大学何以成为模具工厂？

利奥塔较早地觉察到技术资本主义对大学的影响，大学教学课程按照专业细分，体现的是定向培养模式的确立。意味着人在大学里受到的教育几乎是制式的，大学直白地说是技术资本产业链中的一环，是为技术生产提供配套的人才工厂。这一过程是无法尊重个性的，相反，教育的目的就是最大化地削平学员的棱角，等一个人毕业，他基本上已经足够模式化——恰切与吻合岗位需要，或者足够的圆滑——具足世故的本事。

关于这个世界，过度的开发和设计是否已经让我们正加速地失去它？

我们正加速失去这个世界吗?

关于这个世界，过度的开发和设计是否已经让我们正加速地失去它？我们不是仅仅在自然性上失去它，更主要的是在安居性上失去它。不安和忧郁从来没有像现在这样笼罩于我们的内外世界。不会更好了！这是我们基于过去发展的历史和当下面临的问题做出的判断。在过去漫长的历史中，人类的两大持久敌人无非是疾病和贫穷。其间，无知和愚昧曾作为贫穷的原因成为问题。人们对未来的期望是从改善人本身的生命质量中生发的，特别是改变贫穷成为工业革命的理由。工业革命虽然对人性和自然性产生一定冲击，但并没有改变人自然存在的本性，本质上说人还是人，但在今天智能时代和高科技生物时代，人的自然性正在被破坏，甚至被替代。这导致人对自身的伤害已经没有底线，要么将人逼至疯狂。2019 年世界各地因一件事就能引发的群体骚乱就说明今天的人类越来越丧失耐心和理性，疯狂的表现不是狂欢，而是反抗和复仇，人要通过发泄反击逼迫他的一切。这种反击甚至是没有理由的。2020 年以来各种病毒的流行，似乎是自然向人类发出的严厉警告。为什么机器越智能人类越疯狂？这就是这个时代的问题所在。人们过去依靠大的自然法则还能找到普遍的真理，而今天，人类智能将这种普遍真理规则破坏掉了。世界规则的底线被破坏掉了，人丧失了对这个世界的基本信赖，所以每个人貌似受益于智能时代，但潜意识中越来越不安。人们发现，过去命运控制在上帝手里，那还是公平的，可接受的。而今天的命运控制在某个程序设计者的密码里，他是谁？他怎么就控制了你的一切？他是一个人还是无数人？谁能对他的行为行使裁决权？谁能举证说明什么样的控制是符合人权的，什么样的控制是不符合人权的？没有！我们至少到目前为止不得不失望地说：没有！技术哲学试图为技术时代的合法性寻找合理依据，但我们有理由担心这样的依据会进一步纵容人类在技术研发上的疯狂行为。正如地球的资源是有限的一样，宇宙也不是一个无限的存在，恒星的存在意味着凡是稳定的秩序都是有限的秩序，你需要尊重它、遵循它，而不是破坏它。人对世界的依存有不可破坏的规则，这个规则就是对自然法则的遵从。我们一旦逾越了这条法则，必然导致人和自然关系的破坏，包括人破坏自身的本性和社会性。结果将是我们加速丧失这个世界，以丧失自己的形式突变。

我们并不需要过度的富有，这已经助长了奢靡之风和人类的贪欲；我们并不需要过度的智能机器，这会导致人自身智能的退化；我们并不需要速度过快的交通工具，速度过快会让我们丧失对身边事物的观察力和兴趣。我们也不需要过度的生命干预，以非生命的形式延长生命。如果没有死亡，人类乃至万物就将丧失平衡，这公正的法则是所有自然法则中最重要的。事实上，人类在以上的每一件事情中都缺少自省，而是不断加快竞争的脚步。世界不是无限的世界，人类超速奔跑要么一不留神跑出了地球之外，要么集体倒在地平线上。在过去的一百年里，凡是被视为梦想的事情都一一成为现实，人逐渐成为一个不再把梦想当作梦想的人，而是当作意志和欲望的人，这必将使人在对待现实问题上更加不择手段，更加急功近利，也更加疯狂。人类几千年来倡导追求理性，目的就是把这个世界变成一个符合人类持久生存，也符合真理规则的世界。但是，今天我们看到科技的发展正展现出无法控制的非理性倾向。这些人错误地认为技术可以无所不能。的确，技术可以无所不能，既能帮助我们获取更多的财富，也能将我们带入毁灭的深渊。

我们需要重新定义生活的意义，我们为什么活在这个世界上？为了成为物质与技术的奴隶吗？我们的价值和幸福感就是靠占有物质多少来标定的吗？谁让生产的机器停不下来？谁把我们带入无尽的竞争与工作之中？我们需要一切都方便到不需要努力和思考吗？那我们作为人还有什么意思？我们需要成为无所不能的人吗？当我们这样想、这样做时，我们是否意识到这个世界不单纯属于人类，还属于植物、动物，乃至一切有形和无形的生命与物质。这个空间允许我们为所欲为吗？我们是否意识到我们这样做的危害和风险？这真是太可怕的时代，以往我们在自然灾难面前会感到渺小无助，今天，我们似乎忘了比我们更强大、更肆无忌惮的是自然。我们需要节制、减速，审视我们的需要有多少合理性，基于有限性珍惜地与这个世界相处，而不是无度地去挥霍它，因为这样做的结果必然是加快挥霍掉人类自身。

我们所居的地球决定了所有事物，包括生命存在的形态。这是由自然决定的，尽管这之间存在国家发达与落后之别，人种有颜色之分，但从生存的角度来说，我们的存在权控制在地球手里。

人类走向危险的原因

万物的存在无非是创造和毁灭，过程或事物的绵延也仅仅是连接二者变化的阶段。意大利近代哲学家布鲁诺说：死亡是集中，诞生是扩散。这揭示了事物和生命存在的规则。中国的道家哲学把这一过程描述为有无相生的过程，无生有，有生无，死亡也是生出来的。天地在继续，万物在继续，因此在道家看来，没有什么是终止的，事物之间相生相克，相克相生，互为条件，互为因果。从自然角度看问题，一切都处在生生状态。为什么道家思想被称为“生生哲学”，就是因为我们的古人看到任何事物的消亡都不会改变自然的轮回，总会有新事物诞生弥补或替代已经消亡的东西。自然法则在中国后来由哲学演化成宗教（道教和汉代以后的老天之说）体现了人们对这一规则的极端信奉。

古希腊从古老神学向理性哲学的转变也是从观察发现自然规律开始的。亚里士多德发现自然的创造力和循环往复的规则，所以主张向自然学习，一方面借助概念和命名对自然事物进行细分，另一方面从对现象的研究入手，通过形而上学和逻辑的方法，寻找到事物变化的普遍真理。人的智慧最初并不是来自教育，而是来自自然的赐予。本能也在天赋的意义上让人成为自然的一部分。人类的进化符合生物进化的规律，只是，人类智能的过度发育让人超出了对自然的被动依赖，拥有了能动创造的本领。

不管人拥有怎样的本事，人都脱离不了地球而存在（人在太空的生存是模拟地球生态才实现的），自然至少从以下几方面掌控了独一无二的权力：一是空间权力。我们所居的地球决定了所有事物，包括生命存在的形态。这是由自然决定的，尽管这之间存在国家发达与落后之别，人种有颜色之分，但从生存的角度来说，我们的存在权控制在地球手里。二是物质和能源供给权。如果自然不给我们阳光、空气、雨水，我们就无法生存。当我们为了眼前利益挥霍地球的资源、破坏自然生态时，其实我们正在断掉人类自己的后路。就像依靠地心引力我们才不至于飘起来一样，我们对自身存在做出任何非分的选择都要首先考虑是否与自然赋予我们的权利相吻合。

正是出于对于自然规律的认识，比如人类通过对数学和物理学的发现才有了影响人类发展的理性主义运动。整个理性主义运动，包括哲学、美学、解剖学等领域的发展都没有脱离“自然”这一核心命题。理性主义某种程度上说就是自然主义，从笛卡尔到斯宾诺莎再到莱布尼茨，由几何学、数学和物理学推动的哲学思考开创了人类认识的新时代。科学技术的创造多数来自物理学原理以及仿生学原理。同时，对自然的认识开始朝向宏观（宇宙）和微观（微生物和构成事物的最小元素）发展。伽利略和列文虎克是这两方面的首创者。这要感谢人类对透镜的发现，伽利略借着望远镜发现了宇宙运行的真实规则，列文虎克借着显微镜发现了始终被我们忽略却

自然掌握着无穷的奥秘，它有节奏地、节制地逐一向人类展开。它掌握着限制人类行为的权力，在它认为过分时给人类及时而必要的惩罚。

一直影响我们存在的微生物。我们由此知道在这个星球上存在若干生命。那些生命存在的时间远比人类长久。这让我们开始重视我们身外的事物和生命。达尔文发现动物有适应环境变化而自我进化的本能。“优胜劣汰，适者生存”成为自然选择生命的规则。法布尔的《昆虫记》则细致而真实地描述了昆虫在自然中形成的各自习性和本领。有的昆虫习性一直保留着古生物的习性。比如蝉、蝈蝈和蟋蟀等。

这些发现并没有让世界因此看上去更加分散和神秘，而是让人们看到不可回避的整体性或一体性。西方基于基督教文化影响，把这包含一切的造物归功于上帝。实际上，从笛卡尔和斯宾诺莎开始，上帝已经不再单纯是宗教上的神，而是至高的自然性。笛卡尔称其为推动运动的第一因，斯宾诺莎称其为万物的本质属性。这两个人的思想，特别是斯宾诺莎的思想都是以自然规则为准则的，因此，他们也被后人描述成机械理性主义思想家。随着对有机物和无机物研究的深入，解剖学打开了认识生命内在组织的大门。世界万物参照生命构成模式，形成了系统论认识。这之间，莱布尼茨从个体和差异出发，提出了单子论，实际上是相对于系统论指出了事物的局部存在合理性。事物与事物之间的关系不仅仅表现为个体的连带关系，还表现为单子（单纯族群）与单子之间的结构关系。莱布尼茨并不承认自己是笛卡尔主义者，实际上他的思想和他发现的微积分原理如出一辙。他认为所有的杂多（混合物）都是由无数的单子组成的，事物之间因此构成密不可分的联系，并且这些事物之间的联系遵从先在和谐原则。

磁场的发现只是对自然规则内在认识的一个方面。它和人类对引力的认识、对光合作用的认识一样，都是对自然本性的揭秘。这些认识并没有助长人类的狂妄和肆无忌惮，而是强化了人类的遵从意识。量子力学的发现改变了以往把自然规则看作是稳定规则（规律或永恒真理）的认识，而是发现了事物，主要是微小事物不规则运动的事实。这是人类认识自然的一次进步。似乎自然掌握着无穷的奥秘，它有节奏地、节制地逐一向人类展开。它掌握着限制人类行为的权力，在它认为过分时给人类及时而必要的惩罚。当然，它制造的灾难是人类无法抗拒的，人类只有被动地接受，或积累经验在下一次惩戒中多一点应对的手段。毫无疑问，它以绝对的权威实施对人类的教戒，让人类收敛由于狂妄助长的蠢行。

但是，人类似乎迷恋蠢行，不断触碰自然的底线。驱使人类不断走向危险的是这样一些原因：

第一，工业发展。工业几乎是自然的反义词。凡是工业需要的都是自然要反对的，包括技术、能源、工艺和产能最大化等充满了人为控制与干预的强迫性。今天我们看到，无论是生态环境的破坏，还是生产资料的匮乏，其原因无不是来自工业。工业产生的竞争导致能源过度消耗，地球资源被过度开采，地球自身的平衡被打破。一个美丽的地球成为一个充满内伤、千疮百孔的地球。

第二，探索的好奇心。人类关于探索的好奇心帮助自身认识了更广大的宇宙。这成为人类进步和骄傲的资本。但我们也发现，人类对宇宙和自然世界认识越多，人类带给自己生存的危险也就越大。比如人类发现了铀，就有了原子弹。人类发明了卫星，就有了太空大战。冷兵器时代打几年的战争，今天可能几分钟就结束了。所有作为时代进步的科学发现都或多或少附带着负面影响。最主要的是，我们并没有能力控制自己的好奇心不触碰自然的底线，从而引发自然对我们的报复。

第三，欲望无度。欲望是一切生物的本能。植物的趋光性就是欲望，人和动物就更有欲望。法布尔说：“到处都充满自私自利。”欲望的危害是无度。在动物身上，我们看不到无度的表现。狮子只要吃饱了就停止捕猎。兔子和老鼠尽管有储藏食物的意识，它们能做的也很有限。法布尔在研究昆虫时发现，蝉、蝈蝈、蟋蟀的雌性在交尾后都会吃掉雄性，法布尔把这一现象归结为牺牲雄性为的是给雌性繁殖后代提供更好的空间和资源。同时，巢穴和领地的建立是某些昆虫得以长期生存的有利条件。前者的节制表现为牺牲与舍弃，后者的节制表现为有限与自足。但这些存在于动物身上的好品行在人类身上正退化，甚至消失。工业化和城市化进程将人的需求视为拉动经济增长的主要动因。这使得工业生产不是为了满足人们的需求，而是为了设计、开发人们的需求。这一过程直接把主体的人纳入经济驱动的链条之中，人被强行异化为某种物质资本，参与资本循环。人的不安来自对欲望消费的持续激活，那求新求变的欲求就像一台爆米花机瞬间将一切现实膨胀为梦想。

在地球久远的历史中，人类都是缺席的。也就是说地球并不是人类的地球，地球属于它自己，或者属于它的星系。人类不过是地球的寄居客。寄居是生物生存形成的一种本能，它让自己依赖于提供食物或繁殖环境的主体，从宿主身上取得营养，最后以牺牲宿主的方式获得生存。病毒对人类的侵害就是以寄居的形式存在的。今天，我们感到病毒对我们的危害，而对病毒而言，它们只是出于生存的需要在人体上找到寄居的空间。我们身体对这种病毒发起本能的反击，要么被病毒害死，要么战胜病毒。对比病毒，我在想：人类寄居地球算不算是地球身上的病毒呢？如果是的话，那么地球对人类的反击是必然的，也是必胜的。

在地球久远的历史中，人类都是缺席的。也就是说地球并不是人类的地球，地球属于它自己，或者属于它的星系。人类不过是地球的寄居客。

我们从创造物角度理解 AI 就能理解人从一开始就寻找神奇力量帮助的合理诉求。人对魔法的诉求是对完美和奇迹的诉求。

AI与上帝

西蒙东认为人类从魔法时代分裂成两股力量，一个是技术，一个是宗教。艺术应在这二者之间做些弥合的工作。

事实上，当一台计算机完成对复杂世界的运算，并呈现出我们无法想象的样态的时候，计算机成了上帝。它开启了一个无所不能的魔法时代。这一点可能和西蒙东的认识正好相反，我认为人从魔法时代分裂成理性和感性，而技术将这对立冲突的二者重新整合在一起。从源头上，技术正把我们带回魔法时代。今天AI就是过去诸神的现身和显灵。

魔法时代的第一个特征在于人可以借助魔法创造奇迹。柏拉图在《蒂迈欧篇》中曾谈道："只要是稍有一点头脑的人，在每一件事情开始的时候，不管这件事情是大是小，总是要求助于神的。"AI就是我们今后大事小事都要求助的"神"。

魔法时代的第二个特征是被求助的神总能满足人的愿望。AI的发展方向应该是替人解决一切问题，从经验上穷尽人所想，同时对可能出现的变化和结果给出答案。

比如围棋这种富有变化和个性特征的游戏，机器人阿尔法围棋战胜了人类最好的棋手。据说现在年轻棋手在打谱时已经离不开AI。还比如导航，智能导航不仅为你引路，还能成为你驾驶的伴侣，让你开心驾驶，避免疲劳。当越来越多的事情都必须求助技术和机器时，我们发现柏拉图说的是对的。

按照费尔巴哈的观点，上帝是人创造出来的，人对上帝的崇拜是对自己的崇拜。机器也是人创造出来的，作为创造物，机器也具备了上帝的特征。我们从创造物角度理解 AI 就能理解人从一开始就寻找神奇力量帮助的合理诉求。人对魔法的诉求是对完美和奇迹的诉求。

柏拉图为什么要在每一件事情开始前求助于神呢？这是因为柏拉图把神的意见看成是成功与否的助因。这种助因包含两层意思：第一，神赞同我们要做的事情（关于至善），意味着我们必须全力以赴地去做；第二，我们要做的事情与神的意志一致（关于必然），意味着人没有理由不做。人对神的祈祷无非要获取决定行动以及成功与否的理由而已。但柏拉图并不是把一切都交由神来决定，人自身的努力和才华也是成功至关重要的原因。今天，计算机的发展已经成为人类在诸多领域进步与成功的助因，AI 的作用不正是为人类更好地生活提供助力吗？有一天，我们将会把对上帝的祈祷转变为对 AI 发求助指令。

真理是存在者之为存在者的无蔽状态。真理是存在之真理。

海德格尔的追问

一、海德格尔为什么追问艺术的真理性问题?

(一)为什么谈论真理与艺术问题

海德格尔在《艺术作品的本源》"后记"里说:"本文的思考关涉到艺术之谜,这个谜就是艺术本身。"(《林中路》,[德]马丁·海德格尔著,孙周兴译,上海译文出版社,2014年1月)海德格尔谦虚地说:"这里绝没有想要解开这个谜。我们的任务在于认识这个谜。"(引注同上)首先,当美学普遍重视对艺术和艺术家进行考察的时候,海德格尔提出与众不同的"对艺术本身进行考察"的本体论主张,这就是一个全新的视角和开端,也打开了认识艺术和作品的内视之门。尽管他试图用一套自己的理论和概念来阐述艺术之谜,以便使我们能够对艺术之谜有一个本质上的认识,实际上,他的界定与论述无异于在艺术之外制造了另一个谜。也许,理解或欣赏一件艺术作品没有那么难,毕竟艺术并不要求人们一定要达到怎样的境界才可以欣赏。但我们可以肯定地说世界上能够理解海德格尔关于艺术作品的本源这一理论的人不会很多。我们理解海德格尔这一理论首先要理解海德格尔思考的出发点和目的。其出发点就是把艺术当作艺术来考察,而不是把艺术当作艺术家的附属品来考察。这样做的目的,就是为了克服当时流行的"体验"说对艺术莫衷一是的美学解读,包括泛"体验"论。海德格尔对此谈道:"诚然,人们谈论着不朽的艺术作品和作为一种永恒价值的艺术。但此类谈论用的是那种语言,它并不认真对待一切本质性的东西,因为它担心'认真对待'最终意味着:思想(denken)。在今天,又有何种畏惧更大于这种对思想的畏惧呢?或者,此类谈论只不过是在伟大的艺术及其本质已经远离了人类的时代里出现的一些肤浅的陈词滥调么?"(引注同上)海德格尔这番话具有明晰的指涉性,也反证出他要运用思想而不是感觉经验,从艺术本质而不是肤浅的体验中探寻艺术秘密的决心。

(二)为什么提出"艺术是真理之自行设置入作品"这一命题?

这一命题其实是海德格尔针对黑格尔《美学讲演录》中的一个命题,即"对我们来说,艺术不再是真理由以使自己获得其实存的最高样式了"(引注同上)等命题而提出的悬而未决的问题,包括"艺术对我们的历史性此在来说仍然是决定性的真理的一种基本和必然的发生方式吗?或者,艺术压根儿就不再是这种方式了?但如果艺术不再是这种方式了,那么问题是:何以会这样呢?……"(引注同上)海德格尔思考的是黑格尔"此判词所说的真理是不是最终的真理?如果它是最终的真理又会怎样?"(引注同上)所以,我们在这篇文章中看到了海德格尔对真理的全新解释,包括围绕真理的存在方式思考了"争执""筹划""创建"等艺术本质问题。这些问题揭示了艺术美学的"真与美"内在关系。海德格尔所说的真理并不是黑格尔说的真理,也不是科学中的真理,而是艺术的真。而这种真的生发就是美。这等于说"真与美"在艺术品中本质上是同一的东西。他写道:“作为在作品中的真理的这一存在和作为作品——就是美。因此,美属于真理的自行发生(Sichereignen)。”(引注同上)

但是,真理与美并不是比肩而存在的,真理的存在是前提,且“真理是存在者之为存在者的无蔽状态。真理是存在之真理”。(引注同上)因为美依据于形式,形式与质料的统一构成作品,这一性质体现为“真理自行设置入作品”。

(三)海德格尔论述的思路和逻辑关系

他的思路是沿着作品的实在性开始追问的。采取的是胡塞尔现象学的还原法,由常规对物认识的方法推出作品作为物存在的三种形态,即特征的载体、感觉多样性的统一体和具有形式的质料。但这三种形态不足以成为艺术的本质。进而由作品推出真理性问题,并将真理界定为“大地”和“世界”的“争执”发生。但在不同的艺术中,这种发生方式是完全不同的。他以此为线索进一步追问可以作为所有艺术共同发生的“诗性”问题,但这一诗性问题仅限于传统语言诗是不够的,他又追问出诗性的三重构建,这时才解决了艺术真理依靠诗意的筹划而发生的问题,从而为他的命题提供了有说服力的论据和佐证。这个命题就是“真理自行设置入作品”。这是所有艺术的本质。这样就彻底推翻了直觉论“艺术只是感觉经验”的论断。

海德格尔的艺术真理观成为当时震动哲学界的重大事件。海德格尔的观点发布之后,美学研究开始追问艺术本体论问题,追问艺术作品的物性存在问题。代表思想家有法国的梅洛·庞蒂的“肉身构置”和福柯的“作者之死”“词与物”等。艺术从此脱离了文艺复兴以来人文主义思想以及心理学的主导，进入艺术现象美学时代。论述过程中，海德格尔区分了艺术品和工艺品、作品和工具之间的差别，以及艺术存在的自在性与自然性之间的差别，包括艺术家和工匠的差别。

海德格尔花了大量笔墨来分析物与作品问题，目的不是要肯定这些传统的认识，而是为了推翻这样的认识。他说：“现在，我们站在我们的思索的一个值得注意的成果面前——如果我们可以称之为成果的话，有两点已经清楚了：第一，把握作品中的物因素的手段，即流行的物概念，是不充分的。第二，我们意图借此当作作品最切近的现实性来把握的东西，即物性的根基，并不以此方式归属于作品。”（引注同上）

海德格尔否定从作品物性因素追问作品现实性的做法，理由是这一原则适于定义器具，而不适于定义作品。但这样的分析并非全然无意义，他让人们看到对作品本质的追问只有回到纯然的作品本身才能获得，即“只有当我们去思考存在者之存在之际，作品之作品因素、器具之器具因素和物之物因素才会接近我们”（引注同上）。海德格尔形象地描述这个论证过程是“走了一段弯路。但这段弯路同时也使我们上了路”（引注同上）。海德格尔发现作品的物因素无论如何是不能否定的，如果这种物因素是作品决定了作品存在，那么，“通向对作品的物性现实性的规定的道路，就不是从物到作品，而是从作品到物了”（引注同上）。这一思考路径改变成为海德格尔追踪艺术本源的路标。有了这样的认识，才把研究的目光瞄准作品本身，乃至艺术本身。既然艺术作品不是以物性因素标志其存在，那么以何种方式显现

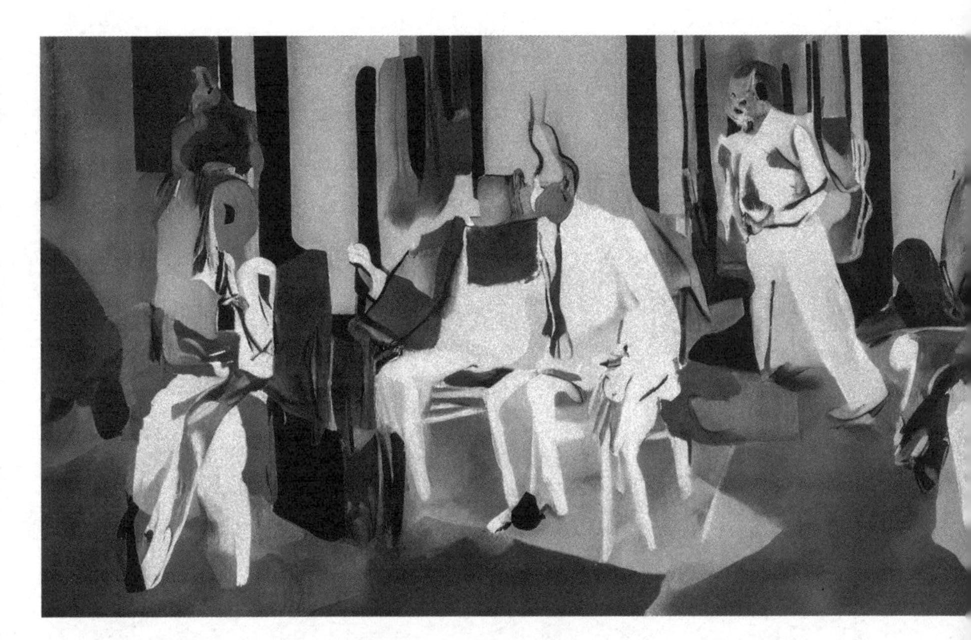

如果艺术作品不能割裂和艺术家的关系，那么艺术作品中艺术家的因素就成为判断其真实性不能忽略的问题。这等于说艺术作品永远要带着艺术家的痕迹而不能独立存在。

其存在呢？海德格尔说："艺术作品以自己的方式开启存在者之存在。在作品中发生着这样一种开启，也即解蔽（Entbergen），也就是存在者之真理。在艺术作品中，存在者之真理自行设置入作品中了。"（引注同上）海德格尔由此提出了他的命题。

二、第一次还原：从作品到真理

胡塞尔在现象学中运用还原法探寻事物本质的方法被海德格尔

用到寻找艺术本源上来。他通过还原得出了艺术作品的本源是艺术的结论。如果艺术作品不是依靠传统认识中的物因素显现为现实性的话，那么什么才是艺术作品本质意义上的现实性呢？海德格尔认为，在艺术作品中，艺术是现实的。“现实”一词指艺术真实地存在于艺术作品中，并显示为物因素。但这个物因素不能够依靠传统的“三种方式”去寻找，因为传统方式“通过对其物性根基的追问，把作品逼入了一种先入之见，从而阻断了我们理解作品之作品存在的通路。只要作品的纯粹自立还没有清楚地得到显示，则作品的物因素是决不能得到判定的”（引注同上）。海德格尔的思路是一定要找到那个作为艺术之艺术的真实性，否则，传统认识的物因素不能得出对艺术本质的判断。于是他开始了逐步还原。

（一）让艺术家从作品中消失

如果艺术作品不能割裂和艺术家的关系，那么艺术作品中艺术家的因素就成为判断其真实性不能忽略的问题。这等于说艺术作品永远要带着艺术家的痕迹而不能独立存在。如果艺术作品不能独立存在，那么作品的现实性就不可能实现。为此，海德格尔首先尝试让艺术家从作品中消失，剥离这个纠结已久的关系，让作品回到作品本身。那么，作品本身在某个时候是可通达的吗？这一提问指向作品的纯粹自立，使作品从它与自身以外东西的所有关联中解脱出来，从而让作品仅仅自为地依据于自身。海德格尔通过对画家凡·高《农鞋》的欣赏和分析，推断出使艺术作品纯粹自立是艺术家最本己的意旨。当然，这样的推断缺乏足够的说服力，这暴露出海德格尔在思考这一问题时的自洽努力，因为他把使艺术家从作品中消失说成是艺术家的意愿。在此，我们不能就艺术家和作品的关系做更多纠缠，那会让我们重新回到传统对物因素思考的老路上去。我们惊叹于海德格尔的发现，他说："正是在伟大的艺术中（我们在此只谈论这种艺术），艺术家与作品相比才是某种无关紧要的东西，他就像一条为了作品的产生而在创作中自我消亡的通道。"（引注同上）

但作品总要有所属。取消了艺术作品对艺术家的所属权后，艺术作品应该的所属什么呢？海德格尔分析了作品之所属不在于摆在那里，谁对它解释，是否参与商业交换，甚至是否署名，关键在于作品本身开启出的领域。他谈道："作品之为作品，惟属于作品本身开启出来的领域。因为，作品的作品存在是在这种开启中成其本质的，而且仅只在这种开启中成其本质（Wesen）。"（引注同上）

（二）把作品由静态存在看作动态存在

当作者在场时，我们面对艺术作品总要追问作者要表现什么。作者成为追问艺术作品存在的主要根源。现在，海德格尔让作者从作品中消失了。唤起我们对艺术作品关注的全部魅力都来自作品本身。这意味着作品本身必须具有对各种欣赏可能性的唤起能力。这种能力如果它以艺术的形式存在于作品中，那么它不可能是一个静态的概念甚至静态的色彩和线条。黑格尔把这样包含有人的主观功能的作品存在看作有机性，但"有机"这一生物学术语还不能涵盖生命之外的景观和领域。海德格尔必须寻找一个更具有涵盖性的词来界定这种能力。海德格尔从古希腊那里找到了"真理"这个词。无论阒然矗立的波塞冬神庙，还是凡·高的绘画《农鞋》，它们的存在实际上是一种富有召唤的开启本质在发挥作用。古希腊把这种呈现出的动态整体叫作"真理"。海德格尔由此把艺术作品的这种开启能力归入两大功能区域，一个区域叫“大地”，另一个区域叫“世界”。规定这两大区域只是为了从古希腊“真理”一词出发，把古希腊看待自然的方法移植到我们看待艺术作品中来。当然，这样的移植并非思想的照搬，而是方法的开启。这是理解海德格尔提出的“澄明”“遮蔽”这些概念的关键。海德格尔对此做了细致的阐述，他说：“希腊人很早就把这种露面、涌现本身和整体叫作Φυσιζ。Φυσιζ（涌现、自然）同时也照亮了人在其上和其中赖以筑居的东西。我们称之为大地（Erde）。在这里，大地一词所说的，既与关于堆积在那里的质料体的观念相去甚远，也与关于一个行星的宇宙观念格格不入。大地是一切涌现者的返身隐匿之所，并且是作为这样一种把一切涌现者返身隐匿起来的涌现。在涌现者中，大地现身而为庇护者（das Bergende）。”（引注同上）

海德格尔所言作品中的“大地”指的是艺术作品存在具备的“场域”，以上对大地的描述都是对这一场域样态的描述。“涌现”是指这一样态始终处于变化之中，变化改变场域的构成，也就生发出新的场域样态。“大地”在这里指支撑场域生发的基础。这一基础决定了一个作品称其为作品。正如“神庙在其阒然无声的矗立中才赋予物以外貌，才赋予人类以关于他们自身的展望”（引注同上）。我们必须清楚海德格尔对作品场域的描述不仅仅指作品内在的艺术空间，也包括了作品所处的环境和面对的读者。海德格尔认为这样的包含具有两种状态，一种状态是敞开的，一种状态是遮蔽的。作品的大地职能决定了一部作品可能生发出的空间秩序和边界，这个空间秩序边界与大地所具有的“敞开”与“遮蔽”相关联，海德格尔把这样的空间称为“世界”。正如神庙的外貌显现为神庙自身，人类面对神庙对自身的展望显现为“涌现”，关于神庙已有的全部视界显现为神庙的“敞开”，所有以上的呈现构成神庙的“世界”。显然，这个世界是作品建立起来的，且是依托作品的大地性质建立起来的。这种“大地”和“世界”的关系适用于任何作品。因此，作品的现实性就可以描述为“大地”和“世界”的样态。但是，海德格尔提醒我们不能把这个世界看作是一个对象化的存在，这里的世界是作为审美活动取消人主导性的形象表述，用海德格尔的话说叫作：“世界世界化。”海德格尔谈道：“世界绝不是立身于我们面前、能够让我们细细打量的对象。只要诞生与死亡、祝福与诅咒的轨道不断地使我们进入存在，世界就始终是非对象性的东西，而我们人始终隶属于它。在我们的历史的本质性决断发生之处，在这些本质性决断为我们所采纳和离弃，误解和重新追问的地方，世界世界化。”（引注同上）

这是一个怎样的世界呢？既然它不是对象的存在就一定和思相关联。为此，海德格尔把不具有思功能的事物排除于这个世界之外。他说：“石头是无世界的。植物和动物同样也是没有世界的；它们落入一个环境，属于一个环境中掩蔽了的涌动的杂群。与此相反，农妇却有一个世界，因为她逗留于存在者之敞开领域中。”（引注同上）这一敞开领域不是别的，是作品构建起来的空间，一个自由的、独立的空间，它向一切敞开着，犹如世界之敞开，通过思我们可以进入这个世界，并与其共存。海德格尔总结道：“建立一个世界和置造大地，乃是作品之作品存在的两个基本特征。当然，它们是休戚相关的，处于作品存在的统一体中。当我们思考作品的自立，力图道出那种自身持守（Aufsichberuhen）的紧密一体的宁静时，我们就是在寻找这个统一体。”（引注同上）

（三）把物和作品、作者和作品的关系表述为作品内在的争执

“大地”和“世界”概念的建立完成了对物和作者决定作品物因素的剥离。不管你使用什么材料，也不管作者是谁，一部作品只要它完成就具备了两个基本的存在事实，即它构建出属于它的“大地”和“世界”。一部作品可能有的审美开启能力就蕴藏在“大地”和“世界”的争执之中。当感觉论者把审美看作是人的直觉，并且是一个无法统一的经验的时候，海德格尔提出了艺术作品的审美具有本质性的统一性，“大地”和“世界”的争执就是审美的统一性。但是，审美的差异性是客观存在的，如果“大地”和“世界”的关系不能涵盖一切审美的差异性，那么其作为本质性特征是不充分的。所以，海德格尔把审美的复杂性描述为作品存在的内在关系和功能。这一功能开启并决定的恰是我们通常从作品审美中感受到的东西。那么，作品中的“大地”和“世界”是什么样的关系呢？海德格尔说：“世界是自行公开的敞开状态，即在一个历史性民族的命运中单朴而本质性的决断的宽阔道路的自行公开的敞开状态（Offenheit）。大地是那永远自行锁闭者和如此这般的庇护者的无所促迫的涌现。世界和大地本质上彼此有别，但却相依为命。世界建基于大地，大地穿过世界而涌现出来。但是，世界与大地的关系绝不会萎缩成互不相干的对立之物的空洞的统一体。世界立身于大地；在这种立身中，世界力图超升于大地。世界不能容忍任何锁闭，因为它是自行公开的东西。而大地是庇护者，它总是倾向于把世界摄入它自身并且扣留在它自身之中。”（引注同上）海德格尔关于“大地”和“世界”关系的阐述核心表明“大地”和“世界”是任何作品存在的基本特征，而这种特征本质地决定了作品审美活动的存在，即由“大地”和“世界”产生的“争执”。审美的同一性和差异性都通过这一“争执”而生发。这样，“争执”这个概念

就变得至关重要了。

何为“争执”呢？海德格尔阐述道：“世界与大地的对立是一种争执(Streit)。但由于我们老是把这种争执的本质与分歧、争辩混为一谈，并因此只把它看作紊乱和破坏，所以我们轻而易举地歪曲了这种争执的本质。然而，在本质性的争执中，争执者双方相互进入其本质的自我确立中。而本质之自我确立从来不是固执于某种偶然情形，而是投入本己存在之渊源的遮蔽了的原始性中。在争执中，一方超出自身包含着另一方。争执于是总是愈演愈烈，愈来愈成为争执本身。……争执者也就愈加不屈不挠地纵身于质朴的恰如其分的亲密性(Innigkeit)之中。大地离不开世界之敞开领域，因为大地本身是在其自行锁闭的被解放的涌动中显现的。而世界不能飘然飞离大地，因为世界是一切根本性命运的具有决定作用的境地和道路，它把自身建基于一个坚固的基础之上。”（引注同上）

（四）相对于理性主义的真理重新定义真理：真理即无蔽

海德格尔面对黑格尔的命题，如果仅仅站在理性主义的角度看，黑格尔说的显然没有错。但海德格尔的疑惑是假如真理的概念本身并不是黑格尔定义的真理，那么，黑格尔的错误就是显而易见的。所以，海德格尔的理论建立一开始就朝着超越理性主义的方向去追问。他从词源学中发现古希腊语真理的词义是“无蔽”，这个带有现象学特征的词恰好符合海德格尔的理论需要。问题是用“无蔽”替代“真理”，或者把真理表述为“无蔽”，其中对揭示艺术作品的本源有何助益呢？于是，他开始对真理这一概念进行还原。

首先，海德格尔指出“无蔽”在希腊哲学中被忽略了，这使得

“无蔽”在哲学中处于遮蔽状态。海德格尔这一表述完全是从哲学出发做出的，这涉及他关于“真理即无蔽”这一命题成立与否。人所共知的是真理这一概念本身就来自古希腊哲学，甚至贯穿了古希腊哲学，后来人们关于真理的知识无不起源于古希腊。现在海德格尔要颠覆长期以来形成的真理认识，依据的仅仅是词源学上的意义，这显然很难具有说服力。所以，他说“无蔽”在古希腊哲学中被忽略了，这就使得“无蔽”作为真理不是海德格尔的发现，而是古希腊哲学自身本有，只是长期以来处于遮蔽状态。这等同于肯定了“无蔽”在古希腊哲学中的固有地位。之后，海德格尔指出真理一词的意旨是如何被狭隘化的。他指出长期以来，一直到今天，真理便意味着知识与事实的符合一致。这一对真理认识的强化成为“无蔽”作为真理被“遮蔽”的主要原因，也变相表明“无蔽”涵盖了比“符合性”真理更博大的现实性，从而一针见血地指出这种“符合性”真理的弊端是理论建构的预设性，即由命题“真”推导出“真理”含有人为的预设性。这意味着由此推出的真理并不能作为具有存在本质的真理，而是人一厢情愿的吻合物。海德格尔对真理的哲学问题还原并未到此为止，他继续追问，进而指出笛卡尔以降，以确定性为标志的批评性真理，仅仅做到了表象的正确性，而未触及存在者与真理的本质契合。至此，海德格尔从哲学概念中扫除了重新推出“无蔽”的理论障碍。但海德格尔的目的绝不是想在理论上标新立异，而是他超出了此前所有对存在者的认识视野，首次将艺术作品看作是和自然万物具有相同本质的存在者。这一集合体的扩容标志着对艺术作品认识上的一次飞跃。

为什么要把真理定义为“无蔽”？这是因为：第一，真理并不显示为知识和推理，而是存在者之存在事实；第二，这一事实不仅包含着存在者显明的东西，也暗含着未显明的东西。对显明的东西显现为真理，对未显明的东西显现为非真理。作为事实，这里的非真理也是真理；第三，“无蔽”显现的真理与人类的目的性需要无关，它并不以有效性作为正确与否的判断标准，而是以不断涌现出的事实作为正确性的标志，在判断上它不简单地依赖标准，而是抵达澄明。海德格尔对此谈道：“倘若不是存在者之无蔽状态已经把我们置入一种光亮领域，而一切存在者就在这种光亮中站立起来，又从这种光亮那里撤回自身，那么，我们凭我们所有正确的观念，就可能一事无成，我们甚至也不能先行假定，我们所指向的东西已经显而易见了。”（引注同上）

（五）澄明是真理发生的始基

“无蔽”之真理何以存在？海德格尔认为，不能按照思辨哲学的方法把存在者之无蔽状态设为前提，并运用形式逻辑的闭环理论去推证它。无蔽之真理并不表现为某种规律，可以为人所掌握，相反，它表现为生成和变化，而促使其生成和变化的东西并不能完全为人所掌握。它的生发是依托存在者无蔽场域的性质决定的，这个场域按照存在者存在的先后来分，最先存在的场域叫澄明。海德格尔把这一存在场域看作是所有存在者的本有，正是这最原始的光亮把万物包括我们带入由它生发出的无蔽之中。海德格尔特别强调了这一原始光亮对存在者存在的决定性意义。他说：“从存在者方面来思考，此种澄明比存在者更具有存在者特性。因此，这个敞开的中心并非由存在者包围着，而不如说，这个光亮中心本身就像我们所不认识的无（Nichts）一样，围绕一切存在者而运行。”（引注同上）

人的智慧最初并不是来自教育，而是来自自然的赐予。
本能也在天赋的意义上让人成为自然的一部分。

对此，从无蔽之真理生发的存在来看，得出了如下几个结论：

第一，在存在者进入无蔽状态之前，有一个处所在存在者整体中间敞开着，这一原始的敞开叫澄明。

第二，这一原始的敞开作为澄明的光亮把存在者置入无蔽状态，使无蔽之真理得以生发。

第三，“惟当存在者进入和出离这种澄明的光亮领域之际，存在者才能作为存在者而存在”（引注同上）。因为，只有这种原始的澄明才允诺，并且保证我们人通达非人的存在者，走向我们本身所是的存在者。

第四，这种澄明为存在者提供区分澄明与遮蔽的可能性，并推动存在者在澄明与遮蔽的状态中自行转化。

海德格尔强调这种澄明不能看作是一个纯然的一劳永逸的光亮处所，而是要把它看作是推动存在者进入存在的内在力量。由此推动形成存在者的变化是多种多样的，比如：“存在者蜂拥而动，彼此遮盖，相互掩饰，少量隔阻大量，个别掩盖全体。”（引注同上）这使得遮蔽无处不在，遮蔽引发的假象和伪装也扰乱人们的判断。但澄明并未丧失，它只是显示为不同的样态，有时以澄明存在，有时显现为遮蔽，且澄明唯作为这种双重的遮蔽才具有生发的状态。并将无蔽之存在以一种纯然现存的状态，表现为一种由澄明（本有）带来的无蔽生发。基于澄明作为真理生发的始基兼具敞开与遮蔽状态，才使真理的本质显示为“原始的争执”。在此，海德格尔阐述道："这种以双重遮蔽方式的否定属于作为无蔽的真理之本质。真理在本质上即是非真理（Un-Wahrheit）。""就真理的本质来说，那种在真理之本质中处于澄明与遮蔽之间的对抗，可以用遮蔽着的否定称呼它。这是原始的争执的对立。"（引注同上）

三、真理的本质是什么?

（一）真理的本质即原始争执

海德格尔在讨论"澄明""敞开""遮蔽"这些概念时，他已经超出了古希腊关于"无蔽"之真理的认识，而进入对真理本质的全新界定中。尽管其方向仍是朝向"无蔽"的，但这种无蔽不再是关乎存在者意义上的事物的一个特征，也不是命题的一个特征，而是"双重遮蔽方式的否定"。这种否定发生在场域里，因此它不是逻辑上的否定关系，而是遮蔽与敞开场域的变换关系。甚至，也不能单纯地看作是两个不同领域之间的关联关系，它含带着开启敞开的能力。进而，我们可以由这种开启能力理解海德格尔关于真理的本质就是"原始争执"。正是这样的原始争执生发出敞开与遮蔽之间的对立，并在对立中争得澄明这一敞开的中心，而存在者进入或离开这一中心，才能抵达无蔽，并把自身置回到自身中去。

理解这段话需要把握以下几个要点：

第一，真理的本质是使存在者显现为存在的一种生发态势，而不是某个刻板的教条。因此，它存在于场域之中，而不是存在于事物身上或概念里。

第二，无蔽之真理不是某种纯粹的敞开状态，它是澄明和澄明中的遮蔽相互对立的结果，这意味着，没有无遮蔽的澄明，也没有无澄明的遮蔽，澄明与遮蔽之间的对立转化使存在者趋向无蔽，这是真理生发的本质。

第三，从现象上看，我们熟悉的存在者身上无论澄明还是遮蔽都存在着某种“伪装”。“伪装”指存在者存在着拒绝澄明或拒绝遮蔽的现象，这种否定和拒绝是不持久的、不绝对的，这样的遮蔽仍然可以穿过“澄明”使其无蔽并返回自身。

第四，不管把澄明看作是存在者存在的本有，还是看作存在者最高的样态，单纯谈澄明，或者单纯谈遮蔽都是没有意义的，澄明与遮蔽之间持久的争执才是探索真理本质的关键，并且运用这一本质解开“大地”与“世界”争执之谜。

（二）大地与世界的争执如何与澄明的争执相应?

解决“澄明”与“遮蔽”的争执问题目的是解决“大地”与“世界”的争执问题。但这二者可以直接切入吗？海德格尔认为并不能直接切入，即不能简单从“世界”和“大地”的敞开或遮蔽领域进入真理的敞开领域，也就是说不能认为“世界”和“大地”可以独自进入澄明领域。但如果“大地”和“世界”的争执吻合于“澄明”与“遮蔽”的争执性质，那么，“大地”与“世界”的争执就能进入澄明之中。“澄明”争执的特征是澄明兼具有“双重遮蔽的否定性”，即来自澄明自身的争执能力。按照这样的吻合思路，海德格尔发现处于敞开领域的世界是被“决断”才敞开的，处于闭锁的“大地”也是由于“决断”才闭锁的。“世界是所有决断与之相顺应的基本指引的道路的澄明”（引注同上）。那么，世界因何只有通过“决断”才能进入澄明呢？抑或什么是“决断”发生的基础呢？因为世界始终存在某些没有掌握的、遮蔽的、迷乱的东西，关于对这些东西的争执就产生了决断。如果世界不存在以上这些东西那就不会有“决断”。这说明世界的澄明具有了内在争执的特征。同时，“大地”并非直接闭锁，而是在敞开与遮蔽争执中作为自行闭锁者而展开的，所以“大地”也具有了自身的内部争执特征。而“世界”与“大地”又始终处于争执之中，这一争执也自然具有了自身内在争执的本质特性。所以海德格尔说：“唯有这样的世界和大地才能进入澄明与遮蔽的争执之中。”（引注同上）

这个结论非常重要，很多人不能准确理解海德格尔关于澄明的本质就是未能搞清楚澄明具有的“双重遮蔽之否定功能”，澄明不是一种事物的特征，而是澄明区域与遮蔽区域之间一种原始的争执。如何更形象地理解这一争执呢？我们可以借助中国道教中的太极图来理解。太极图里把世界看作是由两大形态构成的，即阴阳，阴阳在中国哲学中就是现象学，阴阳变换的形态就是万物存在的本质描述。阴阳哲学从现象学上早就看到了变化是永恒的，阴阳互生，没有消失，只有转换，要么显现为阳，要么显现为阴。推动阴阳互生一定来自阴阳内在的变化，阳盛阴衰，或阴盛阳衰，阴阳之间永远处于对抗争执之中。这就是存在。凡是已经显现出来的存在样态就是进入“澄明”，凡是未显现出来的样态就是处于“遮蔽”之中。但“澄明”与“遮蔽”不会是静止的，因为每时每刻世界都在变化。所以，海德格尔认为：“只要真理作为澄明与遮蔽的原始争执而发生，大地就一味地通过世界而凸现，世界就一味地建基于大地中。”（引注同上）

真理发生的方式之一就是作品的作品存在。作品建立着世界并且置造着大地，作品因之是那种争执的实现过程，在这种争执中，存在者整体之无蔽状态亦即真理被争得了。

(三)作品如何具备了真理的澄明?

海德格尔在这篇论文中探讨的是“艺术作品的本源”，他要把艺术作品的本质用艺术的本质来界定，而艺术本质一定能够使作品成其所是，而且，这个本质并不表现某种概念的存在，而是一种实在，即真理性存在。这种真理性存在不仅适用于阐述艺术作品，也适用于阐述万物的存在。否则，就不能称其为真理性。按照已有的关于真理性的认识来思考，无论如何不能把艺术作品与自然万物当作实有的存在者相等看待。海德格尔要想改变这一现状仅仅依靠对艺术作品的审美阐述是做不到的，而是必须从根本上修改关于艺术作品存在以及真理的定义。所以海德格尔回到对艺术的本源追问，运用哲学的手段，追寻艺术的本质存在。对此，他重新定义真理，指出真理即澄明中的原始争执。至此，海德格尔已经初步接近了他的目标，即运用现象学还原的方法找到隶属于艺术作品且具有普遍效力的关于存在者存在的本质概念。接下来的任务就是检验一下，这个本质是否能切中艺术作品，如果能切中，那就说明这个本质是成立的，否则，就是不成立的。

海德格尔认为所有艺术作品只要它完成就具备两大职能，即构建大地和构建世界。这种能力并不依赖外部因素所存在，这是作品作为作品本质所决定的。“大地”和“世界”的构建处于彼此争执之中，这种争执是作品本质上真理性的存在样态。现在，只要能说明作品中的真理性争执符合澄明真理争执特征即可。

海德格尔通过对具体艺术作品分析予以了论述。他说：“真理发生的方式之一就是作品的作品存在。作品建立着世界并且置造着大地，作品因之是那种争执的实现过程，在这种争执中，存在者整体之无蔽状态亦即真理被争得了。”（引注同上）海德格尔特别强调作品的完成。作品的完成意味着它作为作品的独立存在。它不再依赖于作者，它为自己争得了独自面对一切的空间和权力，它自行创造“大地”和“世界”，不管它所创造的世界大或小，它都是一个实在的存在者。

海德格尔提醒我们要从真理的发生方式上看待作品具有的真理性，而不要试图从作品中寻找所谓“正确”的东西。他说：“在作品中发挥作用的是真理，而不只是一种真实。刻画农鞋的油画，描写罗马喷泉的诗作，不光是显示——如果它们总是有所显示的话——

这种个别存在者是什么,而是使得无蔽状态本身在与存在者整体的关涉中发生出来……于是,自行遮蔽着的存在便被澄亮了。如此这般形成的光亮,把它的闪耀嵌入作品之中。这种被嵌入作品之中的闪耀(Scheinen)就是美。美是作为无蔽的真理的一种现身方式。”(引注同上)

至此,海德格尔从几个方面对真理的本质做了论述,并对作品中起作用的东西做了规定。但是,作品是被创作出来的,那么什么样的创作存在才属于作品乃至属于艺术呢?由此引出海德格尔最终的追问:什么是能够作为艺术而生发,甚或必须作为艺术而生发的真理?何以有艺术呢?

四、艺术的真理通过诗意创造而发生

(一)作品的现实存在源自它是被创作出来的

海德格尔通过把作品当作作品本身来考察,从本质上对真理性有了一定的把握,提出:“真理之生发在作品中发挥作用。”(引注同上)这只是就作品本身得出的结论,而作品的现实存在是它被创作出来的,如果不考虑创作本质中是否包含了真理性问题就不能确定“真理之生发在作品中发挥作用”,所以海德格尔在这里又重新关注到艺术家的存在。但这一关注不是为了突出艺术家的个人作用,而是为了通过对作品创作过程的考察寻找到真理性的存在。海德格尔谈道:“作品的被创作存在显然只有根据创作过程才可能得到把握。因此,在这个事实的强迫下,我们就不得不懂得去深入领会艺术家的活动,才能切中艺术作品的本源。纯粹根据作品本身来规定作品的作品存在,这种尝试业已证明是行不通的。”(引注同上）但是，通过对手工业者的创作生产考察艺术家的创作，海德格尔发现尽管生产发生都是在“自然而然地展开在存在者中间”，但艺术家的活动不是由实用性和技艺来决定和完成，而是由创作之本质来决定和完成。至此，海德格尔廓清了作品和工具、艺术家和工匠之间的边界关系，把考察的目光更清晰地投向对作品的作品存在和真理性之间的本质联系上。于是，海德格尔对创作作了规定，他说：“由于这种考虑，我们就可以把创作规定为：让某物出现于被生产者之中（das Hervorgehenlassen in ein Hervorgebrachtes）。作品之成为作品，是真理之生成和发生的一种方式。一切全然在于真理的本质中。”（引注同上）

（二）谁使作品拥有了真理性?

海德格尔认为作品的真理性是由两个过程赋予的，一个是由作品的本质先在地设置于作品中，这是他讨论艺术本质的根本命题；同时，从作品的创作角度来看，真理的发生又对作品存在进入敞开和遮蔽领域发挥出作用。这两个过程处于一个不能分割的动态之中，海德格尔把这一特征表述为“真理是非真理”。一方面，真理存在于“澄明”与“遮蔽”产生的原始争执；另一方面，遮蔽之物进入或离开“澄明”又获得敞开的真理。所以海德格尔说：“这种敞开领域的敞开性也即真理；当且仅当真理把自身设立在它的敞开领域中，真理才是它所是，亦即是这种敞开性。”（引注同上）概括来说就是，真理进入作品是靠真理的自我设立，而真理进入作品的自我设立是这样一个存在者的生产，“这个存在者先前还不曾在，此后也不再重复。生产过程把这种存在者如此这般地置入敞开领域之中，从而被生产的东西才照亮了它出现于其中的敞开领域的敞开性。当生产过程特地带来存在者之敞开性亦即真理之际，被生产者

就是一件作品。这种生产就是创作”(引注同上)。理解这一段话需要把握以下几个关键点:

第一,真理把自身设置在作品中,从而使作品具有了“大地”和“世界”的争执性。

第二,作品的独立性通过这种争执被开启出来;如果作品不具备这种争执,也就意味着无法开启出其独特存在。

第三,在争执中,作品中的“大地”和“世界”赢得了短暂的统一性,而这种统一性将为决断提供尺度。

第四,作品的被创作存在意味着:真理之被固定于形态中。

海德格尔说使作品获得真理性的是作品本身,但这不能把作品的创作看作是一个从真理自设到形态固定的、自行闭合的圆,这是绝对不存在的。这个过程是敞开的,真理的发生决定了它不会“解除争执”,也不会获得永恒“安顿”,因此,海德格尔把处于争执开启过程中不明的部分称为“裂隙”,这种裂隙不是为对抗者提供了一个缓冲地带,相反,“这种裂隙把对抗者一道撕扯到它们出自统一基础的统一体的渊源之中。争执之裂隙乃是基本图样,是描绘存在者之澄明的涌现的基本特征的剖面图。这种裂隙并不是让对抗者相互破裂开来,它把尺度和界限的对抗带入共同的轮廓之中”(引注同上)。海德格尔指出的这个裂隙部分正是艺术家可以自由发挥的区间。作品的被创作存在意味着:真理之被固定于形态中。形态来自艺术家的构造,海德格尔虽然没有为艺术家个性发挥预留空间，但是为艺术家的构造过程留出了空间，并认为裂隙就作为这个构造而自行嵌合。海德格尔把艺术家运用技术、质料所进行的构造用“摆置”和“集置”来理解。这种“摆置”和“集置”涵盖了所有艺术家构造的方式和手段，同时，所有作品作为这种“摆置”和“集置”而现身。

（三）一切艺术本质上都是诗

从真理与作品的关系中，我们得知真理之发生在作品中起作用，且是以作品的方式起作用。因此，艺术就是真理的生成和发生。那么真理是如何发生的呢？海德格尔认为：“作为存在者之澄明和遮蔽，真理乃是通过诗意创造而发生的。凡艺术都是让存在者本身之真理到达而发生；一切艺术本质上都是诗（*Dichtung*）。”（引注同上）诗意意味在对真理的设置中纳入了感觉和想象的成分，但海德格尔谈到的诗意并非指诗的创作方式，而是指诗的本质特征，即存在的多元性和对世界持久的开启能力。就这个层面而言，海德格尔以上这句话体现了三层意思：第一，存在者的澄明与遮蔽并不是以物或知识性而存在的，它并不表现为某种固态或静态的存在，而是一种生发的过程，这种生发通过诗意，而非科学或逻辑等其他途径创建而发生；第二，所有艺术都对本身之真理生发存在本质性的诉求和可能性，那是作品的自足性和独特性使然；第三，由以上两点不难看到，在使自身真理生发的层面，诗意创造是共同的路径，故艺术本质上都是诗。

“艺术作品和艺术家都以艺术为基础；艺术之本质乃真理之自行设置入作品。”（引注同上）海德格尔在这里强调了艺术相对艺术作品和艺术家的先在性，尽管这种先在性不像理性真理那样绝对存在，但也如胡塞尔在现象学中关于“绝对给予的”的概念一样，是一种充分的洽合。这种充分的洽合使得艺术作品和艺术家有了创造的无限可能性。这句话也可以这样表达，当某个艺术作品或艺术家创造出独特性存在时，这并不仅仅是艺术家的功劳，而要归功于艺术先在给定了这种存在的可能性。那么，人们不免要问，在这样的存在中，究竟艺术家发挥的作用大些，还是艺术本质性决定的作用大些？这就涉及了艺术作品和艺术家的澄明与遮蔽问题。海德格尔谈道：“由于艺术的诗意创造本质，艺术就在存在者中间打开了一方敞开之地，在此敞开之地的敞开性中，一切存在遂有迥然不同之仪态。”（引注同上）这一过程是由艺术本质决定的，相当于说，只要符合诗意创造，艺术就必然在存在者中间打开一方敞开之地。这是艺术成为艺术的第一步。艺术成为艺术的第二步即艺术“凭借那种被置入作品中的、对自行向我们投射的存在者之无蔽状态的筹划（Entwurf），一切惯常之物和过往之物通过作品而成为非存在者”（引注同上）。这一点非常重要，因为艺术使艺术品对某些“惯常之物和过往之物”取消了存在的权力。这是艺术品之所以独特和自足的根本所在，即它根本不依附在一般的事物上，它是完全依靠在诗意真理之上。它的这种能力为世界提供了认识和判断艺术与惯常之物的尺度，这是艺术成为艺术的价值所在。

既然诗意的创造对艺术品本质存在起着决定性作用，那么，什么是诗意创造？或者什么样诗的创造才成为艺术作品本质的决定因素呢？海德格尔对此进行了说明，他说：“如果说一切艺术本质上皆是诗，那么，建筑艺术、绘画艺术、音乐艺术就都势必归结为诗歌了。这纯粹是独断嘛！当然，只要我们认为，上面所说的各类艺术都是语言艺术的变种——如果我们可以用语言艺术这个容易让人误解的名称来规定诗歌的话——那就是独断了。其实，诗歌仅只是真理之澄明着的筹划的一种方式，也即只是宽泛意义上的诗意创造（Dichten）的一种方式；虽然语言作品，即狭义的诗（Dichtung），在整个艺术领域中是占有突出地位的。”（引注同上）

海德格尔的解释再明白不过了。第一，他说一切艺术皆是诗并不是要取消艺术之间的差异，合并为一；第二，他说的诗不是单纯指语言艺术及其衍生品；第三，他说的诗，仅仅只是“真理之澄明着的筹划的一种方式”。海德格尔也隐讳地表明了他没有把诗置于一切艺术之上的企图。

（四）语言中的诗之思

语言具有两大功能，即表达和呈现。在表达时，语言担负交谈的功能；在呈现时，语言担负存在的功能。海德格尔认为理解“一切艺术皆是诗”只需正确理解语言的这两大功能。他说：“语言不只是、而且并非首先是对要传达的东西的声音表达和文字表达。语言并非仅仅是把或明或暗如此这般的意思转运到词语和句子中去，而不如说，惟语言才使存在者作为存在者进入敞开领域之中。在没有语言的地方，比如，在石头、植物和动物的存在中，便没有存在者的任何敞开性，因而也没有不存在者和虚空的任何敞开性。”（引注同上）

语言使存在者作为存在者进入敞开领域之中，这一过程是靠语言的呈现功能实现的。语言不只是通过命名（给定、设置），也通过呈现形态、场景、结构等，使存在者在艺术品中隐身或现身，即遮蔽或敞开。语言要呈现的部分，包括要遮蔽的部分都作为作品的特性反映在作品中。这种对呈现的选择，海德格尔将其描述为“筹划”。这个“筹划”过程就是贯穿所有艺术品的诗意。海德格尔在“筹划”中加入了“道说”,其实,“筹划”之呈现本身就含有“道说”的功能,只是这种“道说”表现方式不同。当“筹划”之呈现具有明晰的意旨时,即是澄明的;当“筹划”之呈现不具有明晰的意旨时,则是遮蔽的。前者,按照海德格尔的描述:“使之源于其存在而达于其存在。这样一种道说乃澄明之筹划,它宣告出存在者作为什么东西进入敞开领域。”(引注同上)而对后者,海德格尔也给予了描述,他说:“筹划是一种投射的触发,作为这种投射,无蔽把自身发送到存在者本身之中。而筹划着的宣告(Ansagen)即刻成为对一切阴沉的纷乱的拒绝(Absage);在这种纷乱中存在者蔽而不显,逃之夭夭了。”(引注同上)

正因为“筹划”的语言性,海德格尔认为“筹划着的道说就是诗”。我更愿意把“道说”换成呈现,因为呈现包含了无声的存在。当然,“道说”也可能是无声的“道说”。但如果“道说”都当“说”理解,就混淆了语言的表达和呈现功能。如果“道说”理解为“本质的表达”,又偏离了存在者作为存在者而不是作为本质这一事实。所以,准确地理解应为“筹划着的呈现就是诗”。海德格尔后期对“道说”一词的注释也正好印证这一点。根据译者题注,我们了解到,“后期海德格尔以‘道说’(die Sage)一词指称他所思的非形而上学意义上的语言,所谓‘道说’乃是‘存在’——亦作‘本有’(Ereignis)——的运作和发生。作为‘道说’的语言乃是‘寂静之音’,无声之‘大音’”(引注同上)。

语言本身并不具有澄明与遮蔽之分,而“筹划着的语言呈现”具有澄明与遮蔽之分。有什么样的“筹划”,就会呈现出什么样的诗意。因此，这种呈现可以是“世界和大地的道说，世界和大地之争执的领地的道说，因而也是诸神的所有远远近近的场所的道说”（引注同上）。

语言还有两个特征，即语言的瞬时性和共时性。筹划着的语言呈现只有进入共时性语言时，才是诗的。唯有诗的，才是无蔽的，才具有“始终逗留着的语言是那种道说（das Sagen）之生发”的能力。从这个角度理解海德格尔所说的“诗乃是存在者之无蔽状态的道说”就更容易些。当然，理解了这种“共时性”语言特征，也就不难理解海德格尔赋予这种“道说”的历史任务，即“在其中，一个民族的世界历史性地展开出来，而大地作为闭锁者得到了保存”（引注同上）。

（五）艺术是否囊括了诗之本质呢?

以上讨论让我们看到所有艺术所具有的“筹划着语言道说”这一特征，正因为这一特征而使所有艺术显示为诗。但是，是不是所有艺术都囊括了诗之本质呢？海德格尔提出这一追问。这一追问让他回到起点，即对“真理”的考察。因为“真理在艺术品中自行设置”，如果“真理”设置了诗之本质，那么，所有的艺术品就必然囊括诗之本质。如果“真理”并未在作品中自行设置诗之本质，而是部分地设置了诗的功能和特征，那么，就不能说所有的艺术都囊括了诗之本质。

首先，海德格尔把狭义的语言诗与建筑和绘画相比较。海德格尔认为，语言诗是最原始的诗。在语言诗里，语言在先，诗歌在后，“诗歌在语言中发生”。这意味着语言先在地给定了诗的本

海德格尔认为由于真理设置入作品，这种设置“冲开了阴森惊人的东西，同时冲倒了寻常的和我们认为是寻常的东西”。这意味着真理的自我设置赋予了作品一种不同凡俗的力量。

质。海德格尔描述为“语言保存着诗的原始本质”（引注同上）。如果从生发角度看，显然，诗从语言发现了自己的这一本质，这使得创作成为可能。从艺术品的存在角度看，语言具备共时性特征，用语言创作的诗歌，语言将保存诗歌作品自足的诗性。但是，无论哪一种都不肯定地说：“诗在语言中处于敞开领域之中。”“相反地，建筑和绘画总是已经、而且始终仅只发生在道说和命名的敞开领域之中。它们为这种敞开所贯穿和引导，所以，它们始终是真理把自身建立于作品中的本己道路和方式。它们是在存在者之澄明范围内的各有特色的诗意创作，而存在者之澄明早已不知不觉地在语言中发生了。”（引注同上）

海德格尔从中得出的结论是：“作为真理之自行设置入作品，艺术就是诗。”为此，检验所有艺术是否囊括了诗的本质，其标准就是看它是否具备“作为真理之自行设置入作品”这一条件。显然，这里所说的诗要比狭义语言诗宽泛得多。并且，具备了这一诗性的艺术，“不光作品的创作是诗意的，作品的保存同样也是诗意的，只是有其独特的方式罢了”（引注同上）。

五、诗的本质是真理的创建

艺术的本质是诗，这种本质体现在艺术品“筹划”的道说之中。作为真理的生发过程，这种“筹划着的道说”必须具备创造性，而海德格尔把艺术品中诗的这种创建性界定为诗的本质（仅就艺术品而言，而不指狭义的语言诗）。他把诗的这种创建性分为三重意义：即作为赠予的创建、作为建基的创建和作为开端的创建。这三重创建揭示了真理生发过程。这种生发一定是以艺术品“本具”的诗性真理为条件，也就是生发出的“真理”在作品中具有稳定性。海德格尔把这种稳定性叫作“保存”。他谈道：“创建惟有在保存中才是现实的。因此，保存的样式吻合于创建的诸样式。”（引注同上）

（一）赠予创建

何谓赠予创建呢？海德格尔认为由于真理设置入作品，这种设置“冲开了阴森惊人的东西，同时冲倒了寻常的和我们认为是寻常的东西”。这意味着真理的自我设置赋予了作品一种不同凡俗的力量。海德格尔把阻碍作品自身开启真理的部分描述为“阴森的”和“寻常的”“过往之物”，指出了“创建”的超常性。他强调道：“在作品中开启自身的真理决不可能从过往之物那里得到证明并推导出来。过往之物在其特有的现实性中被作品所驳倒。因此艺术所创建的东西，决不能由现存之物和可供使用之物来抵消和弥补。创建是一种充溢，一种赠予。”（引注同上）

我们可以借助凡·高的油画《农鞋》来理解海德格尔所说的“赠予创建”的意义。这幅画摆在我们面前，首先它不是作为一双具体的农鞋摆在我们面前，或者我们思考它的有用性，它吸引我们注意力的是作品携带了超常的信息。比如鞋子磨损得黑洞洞的敞口中，凝聚着劳动者的艰辛。这硬邦邦、沉甸甸的破旧农鞋里，聚积着那寒风料峭中行走在一望无际的永远单调田垄上步履的坚韧和滞缓。鞋皮上粘着湿润而肥沃的泥土，回响着大地无声的召唤，显示着大地对成熟谷物的宁静馈赠等，来自作品的这一切意识和直观都得益于创建的充溢和赠予。而这种创建是真理自行设置作品开启出的诗意创造，它把作品带向特立，使其成为一个独立的存在者，超出具体鞋具以及关于鞋具那阴森的、惯常的属性，农鞋在作品中走进了它存在的光亮中。

（二）建基创建

海德格尔从“真理”的“筹划”中指出：“真理的诗意创作的筹划把自身作为形态而置入作品中，这种筹划也决不是通过进入虚空和不确定的东西中来实现的。而毋宁说，在作品中，真理被投向即将到来的保存者，亦即被投向一个历史性的人类。但这个被投射的东西，从来不是一个任意僭越的要求。真正诗意创作的筹划是对历史性的此在已经被抛入其中的那个东西的开启。那个东西就是大地……因此，在筹划中人与之俱来的那一切，必须从其锁闭的基础中引出并且特别地被置入这个基础之中。这样，基础才被建立为具有承受力的基础。”（引注同上）

如果说赠予创建考察的是艺术差异性、多元性和丰富性的话，那么，建基创建考察的则是艺术的历史性、传统性问题。这种历史性和传统性作为诗意创造源泉而存在。它既指向艺术的过去存在，也指向艺术的未来存在。所以，海德格尔谈道：“由于是这样一种引出（Holen），所有创作（Schaffen）便是一种汲取（犹如从井泉中汲水）。”（引注同上）海德格尔认为现代主观主义曲解了创造，把创造看作是随心所欲、骄横跋扈的主体天才活动。他强调真理的创建既有赠予意义上创建，同时也是在铺设基础的建基意义上的创建。这意味着建基创建是有条件和标准的，当他提出这一问题时，他已经为该问题设置了尺度。这个尺度就是建基创建“绝不从流行和惯常的东西那里获得其赠品，从这个方面来说，诗意创作的筹划乃来源于无（Nichts）。但从另一方面看，这种筹划也绝非来源于无，因为由它所投射的东西只是历史性此在本身的隐秘的使命”（引注同上）。面对已然存在的艺术历史，海德格尔为什么说“诗意创作的筹划乃来源于无”？

这是说传统一旦成为过往之物、惯常之物，传统就应该成为诗意创作筹划需要扬弃的东西，但传统并非全然无意义，它为赠予创建和建基创建提供了参照系。诗意创建的筹划离不开这一参照系，同时，改变这一参照系而不是简单延传这一参照系成为建基创建的“隐秘的使命”。

（三）开端创建

众所周知，艺术的核心生命力是创新。海德格尔把艺术的创新描述为开端创建。这种开端创建不是独立存在的，它贯穿整个诗意创作的筹划始终。海德格尔谈道："赠予和建基本身就拥有我们所谓的开端的直接特性。但开端的这一直接特性，出于直接性的跳跃的奇特性，并不是排除而是包括了这样一点，即：开端久已悄然地准备着自身。真正的开端作为跳跃始终都是一种领先，在此领先中，凡一切后来的东西都已经被越过了，哪怕是作为一种被掩蔽的东西。开端已经隐蔽地包含了终结。可是，真正的开端绝不具有原始之物的草创特性，原始之物总是无将来的，因为它没有赠予着和建基着的跳跃和领先。它不能继续从自身中释放出什么，因为它只包含了把它囿缚于其中的那个东西，此外无他。"（引注同上）

"汲取"说明诗意创建并不凭空创建，而是建立在艺术以及人类历史之上。艺术的持久留存得益于所有艺术中都包含的建基创建。创建本身具有"充溢、赠予"的功能，因此，诗意创建本能地要求自己"绝不从流行和惯常的东西那里获得其赠品"。这种"流行和惯常"应指"创建"本身的样态，而不是指质料和素材。与其说追求创新、别样的创建是要摆脱以往旧有的形态影响，不如说是以超越一切"流行和惯常"为目的，建立全新的传统和经典。这一目的毫无疑问成为所有艺术创作负有的"历史性此在本身隐秘的使命"。因此，创建具有了开端性，亦即艺术创建作为一个时代的标志开辟出了另一个世界。而这种凸显出来的"全新艺术"作为开端具有本质上的领先性。领先意味着它为人类未来注入了不可或缺的指向性和影响力。

（四）三重创建的相互关系

现在我们总结性地看一下海德格尔谈到的三重创建以及彼此之间的关系。

赠予创建谈的是艺术相对于真理的大地闭锁与世界的敞开而言，

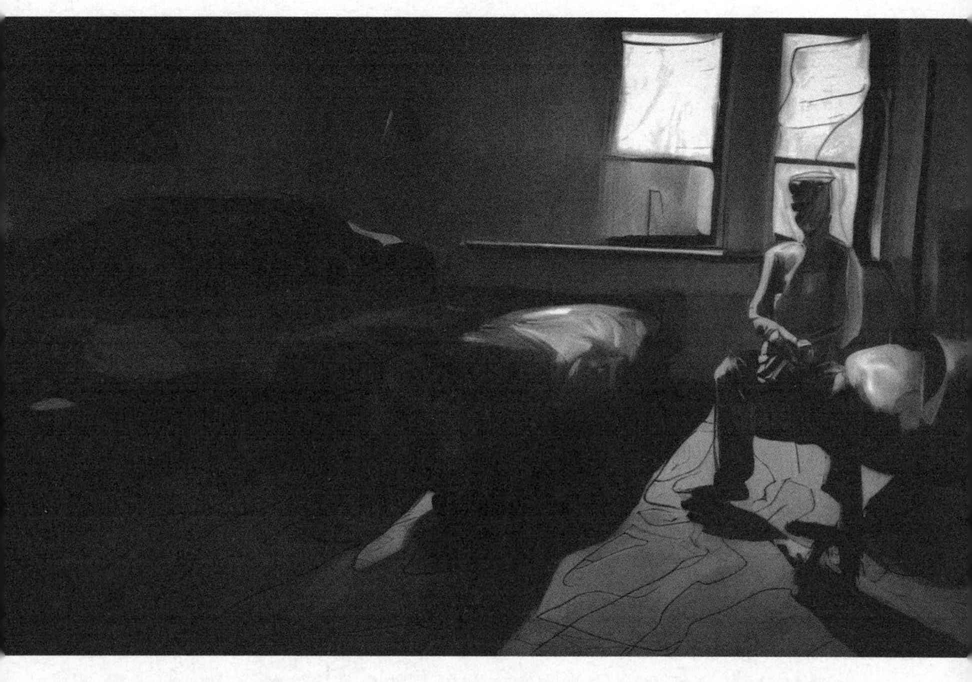

追问艺术的本源问题，核心目的是探究：艺术何以生成，艺术何以作为历史意义上的生成？我们如何通过类似的沉思，为艺术创建做一些先行的、必不可少的准备，并以这样的沉思知道艺术可能生成的空间，抑或为创造者提示挺进的道路和领域？

它永远处于赠予之中。这使得“真理的生发”在争执中无限绵延，也使得艺术具有永恒存在的生命力和理由。如果真理的大地与敞开的世界之间停止争执，达成和解，那么，也就不存在赠予创建了。正因为“真理自行设置于作品”，澄明与遮蔽之间的争执才永无止息。

建基创建谈的是艺术历史性存在。历史地看，艺术并不凭空创建，“筹划”总是要把艺术置于“具有承受力的大地”之上，这个具有承受力的大地是“筹划”中真理通过艺术投射出来的，但并不是说建基创建是艺术的因袭，相反，海德格尔认为应该是拒绝，即拒绝已有流行和惯常的东西。这才是建基创建的本质。

开端创建谈的是艺术领先问题。这种领先表现为“跳跃”和“终结”，但这种开端又不是回到原始状态，而是一种具有层阶的高级开端，是一种指向更远未来的开端，是一种更大的敞开和澄明的领域，并释放出前所未有的冲击力。

这三重创建中，核心是开端创建。也可以说赠予创建、建基创建的目的是实现开端创建。为此，我们看到海德格尔在论述开端创建时用的笔墨也比较多。他指出了“开端创建”的定义和特征：

第一，开端意味着解蔽。海德格尔说：“开端总是包含着阴森惊人之物亦即与亲切之物的争执的未曾展开的全部丰富性。”（引注同上）为什么说是“阴森惊人之物”？是因为它从未被呈现过，它不只是陌生的，而且是令人震惊的，这便是开端创建的解蔽结果。

第二，作为诗的艺术指的就是开端创建。海德格尔说：“作为诗的艺术是第三种意义上的创建，即真理之争执的引发意义上的创建；作为诗的艺术乃是作为开端的创建。”（引注同上）

（五）开端创建进入历史转换的本质之中

推动历史转换的因素很多，其中包括艺术以创建的方式参与历史的转换。海德格尔认为艺术推动历史转换的创建标志是：“每一次转换都必然通过真理之固定于形态中，固定于存在者本身中而建立了存在者的敞开性。每一次转换都发生了存在者之无蔽状态。无蔽状态自

行设置入作品中，而艺术完成这种设置。”（引注同上）

海德格尔为什么要讨论艺术对历史的推动问题？因为他要找到艺术的本源，前面花了大量篇幅讨论真理性问题的目的也是为了找到艺术的本源，回过头来，我们梳理一下海德格尔现象学还原的路径和过程，从中理解他对艺术的重新定义。首先基于现象学的自明性概念和古希腊“无蔽”一词，海德格尔认为艺术是真理之自行设置入作品。这一还原将艺术提升到本质现实的高度来认识，即艺术家和作品都同属于艺术，艺术为艺术家和作品的创作提供了先在的真理性和可能性。但“真理之自行设置入作品”这一命题存在着双向选择，即真理作为设置行为的主体时，这种设置使作品获得创作上的无限可能性；而真理的设置行为作为客体时，这种设置使作品获得稳固的形态，并成为存在者。

“真理之自行设置入作品”这一命题确立后，接下来就是探究艺术在现象学的意义上究竟是怎样的存在。从艺术的发生中得出艺术是由一个又一个诗意创建推动形成的。而每一个开端创建的出现都推动历史进入一个新的阶段。所以说，艺术是历史性的。历史意味着存在，这里的历史不是关于重大事件的时间性描述，历史性的艺术就存在意义上是对作品中真理的创作性保存。所有艺术的发生都是靠诗意创建的，诗不是指狭义的语言诗，海德格尔在这里说的诗指三重意义的创建，即赠予、建基、开端。作为创建的艺术，不仅自身显现为历史性存在，也是人类历史本质性的基础。

从艺术的创造上来看，艺术通过诗意创建的筹划让真理脱颖而出。作为创建者的保存，艺术是使存在者之真理在作品中一跃而出的源泉。

这时已经触达艺术的本源问题了。何谓本源？海德格尔说：“使某物凭一跃而源出，在出自本质渊源的创建着的跳跃中把某物带入存在之中，这就是本源（Ursprung）一词的意思。”（引注同上）

海德格尔这里谈到的艺术是把艺术对象化了的艺术，艺术不是一个空泛的概念，艺术是一切艺术家和作品的本质。这个本质表现为本源。不仅如此，海德格尔认为艺术也是一个民族的历史性此在的本源。艺术的这种本质上的本源性也是真理进入存在的突出方式，亦即真理历史性地生成的突出方式。

（六）为什么要追问艺术的本源问题?

追问艺术的本源问题，核心目的是探究：艺术何以生成，艺术何以作为历史意义上的生成？我们如何通过类似的沉思，为艺术创建做一些先行的、必不可少的准备，并以这样的沉思知道艺术可能生成的空间，抑或为创造者提示挺进的道路和领域？自然地，有了这样的沉思，我们就能判断什么样的艺术是本源的因而必然是一种领先，什么样的艺术始终是某个附庸从而只能作为一种流行的文化现象而伴生。同时，也将提醒我们自己反省：“我们在我们的此在中历史性地存在于本源之近旁吗？我们是否知道亦即留意到本源之本质呢？或者，在我们对待艺术的态度中，我们依然只还是因袭成规，照搬过去形成的知识而已？”（引注同上）

面对海德格尔以上的诸种追问，我们知道提出“真理自行设置入作品”这一哲学发现有多么重要，他终结了古希腊以来理性主义和自然主义建立的艺术观和真理观，用一种自明的真理取代了思辨的真理，用一种澄明与遮蔽、大地与世界等之间的争执关系替代艺术家个人对艺术的主宰与裁定，使艺术摆脱经验主义、心理主义形成的感觉说，首次被作为具有本质性意义和特征的普遍性存在。并通过对物与作品、作品与真理、真理与艺术等层层还原式考察，得出了“一切艺术都是诗”这一根本性结论，并把艺术的生成归结为诗意的三重创建。海德格尔利用这种本体性考察，使自古以来相互区别的艺术有了同宗同源，极大地提升了我们审视艺术的眼界。

海德格尔的这些观点对后来艺术和美学的发展产生了重要影响。面对现代艺术随心所欲、飞扬跋扈的、自以为天才的创作现象，他不无忧虑地警告我们：不能偏离艺术作品的本源！他希望人们能够用荷尔德林的诗句经常检验自己的艺术行为，即：

依于本源而居者
终难离弃原位。
［《漫游》，载《荷尔德林全集》第4卷（海林格拉特编）］

附：林中路：献给海德格尔
李德武

诸条道路中唯你还保持寂静
人迹稀少，只供孤独者冥思苦想
那条路当你谈它时你正行走其上
闪亮的光带深入阴森的树林深处

好像封闭的大地由此敞开裂缝
泄露出万物生长的秘密，哲学的源头
经由这条原始的路径照见，你领会存在
并抵达澄明之域，那一小片真理的空地

两边太多的风景纷纷向小路涌现
诗、古老的建筑都在试图沿小路回到自身
而光斑和巨大的树荫从未停止对抗
所有的真理都来自这光与阴影的纠缠

低头查看这被脚步擦亮的路面并不平坦
坑坑洼洼显现出命运，不容拒绝
仰望树冠，果实中你只钟爱一个词
诗意：你发现所有艺术都经由它创建

不能把对思想的穿越看作是一次散步
在你之前和之后都有探秘者徜徉其上
树林的阴森令平常人却步，或知难而返
林中越寂静你就越接近于争执的中心

小路也有诸多分叉，你洞悉每一条岔路
它们无一例外地通向墓地和家园
而小路隐蔽于树林深处，必经之地
你说出后我们才发现它还通达每一颗心

海德格尔选择从此在、存在、存在者、共存的角度来研究人当如何走好由生至死之路。

"人是上帝的羔羊"吗?

一、从提问开始

在海德格尔的哲学中,我感觉《存在与时间》是最为艰涩难懂的。这可能是因为我不懂德语,而翻译又忠实于原文,导致很多概念在汉语语境下很难形成透彻的认识。用概念解释概念好比给风做裁缝,无从把握。比如他的"此在""存在"在德语里或许有明显的词义差别,但在汉语里,仅从词义上很难区分出差别。所以,区分这两个概念需要借助更加抽象的定义。我们不能动用自己的经验去认识这一概念。这也是我觉得海德格尔在这些问题阐述上显得饶舌和拗口的原因所在。

通常,遇到比较难以理解的哲学家时我会通过看其他哲学家对他的批判文章加强理解。我通过读斯宾诺莎《笛卡尔哲学原理》理解了笛卡尔,通过读费尔巴哈《对莱布尼茨哲学的叙述、分析和批判》理解了莱布尼茨,通过读卢卡奇《理性的毁灭》理解了非理性主义哲学家。现在,我想理解海德格尔的《存在与时间》就去听勒维纳斯的哲学课,即《上帝·死亡和时间》收集的他当年在索邦大学的哲学讲稿。

勒维纳斯很有意思，他不是严谨地阐述或分析海德格尔的思想，而是借助海德格尔阐述自己。基于课堂的开放性教学，他的思路也是开放性的。他把海德格尔思想带入当下语境，并以海德格尔的方式不断地提出一些新问题。这些问题可能从哲学层面上说没什么新意，但他提供了一种哲学思考的方法。我学到了这一方法，并马上付诸行动。我为理解海德格尔《存在与时间》提出了五个问题，即：

1. 海德格尔研究此在、存在、存在者、共存的目的是什么？

2. 他要建立人与物存在的伦理学吗？还是要把人从现存的伦理中解放出来，带向自由的世界？

3. 人在此在中的权力是被赋予的，还是先在的？如果是被赋予的，谁赋予了人的这一权力？如果是先在的，那它体现的是本能性还是本源性？

4. 存在的动词性意味着什么？是状态的变化不定，还是说人创造了自己的存在？

5. 为什么海德格尔晚年不再谈论死亡问题？他找到了救赎和战胜死亡之路了吗？（林中路或诗意栖居）

带着这些问题思考，我就很容易理解海德格尔《存在与时间》的基本大义了。

海德格尔选择从此在、存在、存在者、共存的角度来研究人当如何走好由生至死之路。与康德强调超验理性不同,海德格尔没有放大定义的权限,让人成为秩序的设计者;他只是从人的现实性中提出人的存在本体论;他也没有像尼采一样,用激情和意志替代对规则的遵守,放大人欲望的作用,而是通过对生命经历的时间和死亡考察,指出了人存在面临的诸多问题。他也没有把人像亚里士多德那样看作是自然和逻辑的随从,而是看作具有自我主宰权的共存者。不仅如此,他在此在的问题中改变了欧洲基督教文化形成的"人是上帝羔羊"的认识,突出了人是存在者这一本体论前提。这一前提超越宗教的界定,成为审视每个人的"客观性"或"本源性"特征。海德格尔称其为"向来我属"。既然人不能依靠上帝寻找生的出路,就必须从存在中开拓出路。所以,存在不仅仅意味人拥有构建自我生存方式的权利,保有爱好和兴趣等习惯性个人特征,以及在群体中与人共存的必然需要,还意味着人是他存在的主导者和开拓者。一方面,此在是人存在的先决条件,没有此在就无法谈存在,这是存在的本源;另一方面,提出此在这一概念等同于对人的存在提出疑问,此在的人承担了另一种存在,即思的存在。他不仅揭示"物质层面"与人此在的关系,也揭示人"精神层面"和"意义层面"与人此在的可能性。这一概念既是人本思想,又是关于人心理和精神的现象学。

从此在到存在是人构建自己人生进程必须经历的阶段,这里有几重意思:第一,人要觉醒到他的此在,以及"向来我属"的权利。第二,人要自己从"存在物"中解放出来,由静态被动的存在,变成主动主宰的存在。第三,存在的意义不应仅仅表现为某种确定性,也应表现为人对存在问题的不断思考和追问而生成的可能性。所以,正如勒维纳斯理解的那样,存在的动词意义恰恰在于:"探问动词存在的意义。这样的一种探问不是一种复现——而是把握着他的存在进程，是必须存在；不是混同于必须领会的存在，而是要抓住它的种种可能性。”（《上帝·死亡和时间》，[法]艾玛纽埃尔·勒维纳斯著，余中先译，生活·读书·新知三联书店，1997年4月）

海德格尔存在理论的重要性在于不再把人的存在好坏简单归结为认知（真理）问题，或善恶伦理问题以及信仰问题，而是归结为人对自身存在的把握和选择问题。勒维纳斯说：“人是一种不得不存在的存在物，他在他的存在中苦苦地坚持着，毫不向自己提出问题，以求得知什么是令人畏惧者，什么是畏惧的对象。”（引注同上）存在及其意义对人来说，突出表现在人既是问题的源头，也是提出解决问题的“拯救者”。这一切归结为“都是他自身的事”。勒维纳斯评价说：提问题与自身为问题者之间关系的紧密，第一次以这般严峻性，允许“自我”从本体论中“演绎”出来，从存在中“演绎”出来，允许个体性从本体论意义上“演绎”出来。这一“演绎”是对“自我”的极大解放，而不是囚禁，他赋予了“自我”先在的权力即“向来我属”。因为每个个体都拥有“向来我属”。所以，“自我”对“自我”的追问和找寻就不受任何限制。人在把握自身存在进程中应该用这一尺度来衡量存在方式是否如意，这种如意不仅意味着已在，还意味着能在。

二、存在的面貌和表达

勒维纳斯把这样的本体论存在称为“自身表达”或“面貌表达”。他说：“对死亡，我们知道些什么？什么是死亡？依据经验，死亡是行为的停止，是具有表达性运动的停止，是被具有表达性的运动包裹、被它们所掩盖的生理学运动或进程的停止——这些形成了‘某些’显示自

人恰恰是从存在的束缚中演绎出他的多彩人生。在这里，人是自主的、有趣的、机智的、自然的。

己的'东西',或者显示自己的某个人,甚至于显示自身自己:表达自己。这一表达远远甚于显现,远远甚于表现。"(引注同上)

面貌是一个人存在的表征,勒维纳斯说:"有人要死了:面貌成了面具。表情消失了。"而灵魂能够被我们所感知都是指"被实体化为某种东西的灵魂,从现象学上来说,是在非物化的面貌中,在表情中显示出来的东西"。这些在现象学上都被描绘成为面貌。一个人是否具备这一可描述的面貌,决定了他在"生物学"意义上和"时间"意义上是否存在。

对此,海德格尔把死亡作为存在的终结,他只想探讨从生到死这一过程的存在问题,而勒维纳斯则运用他对哲学的历史性眼光看到了死后的事。这种洞察当然不是通过自身看到的,因为每个人都没有机会从自己的死亡经验中学到什么,这一洞察是靠观察他者之死引发出来的,包括洞察死亡之后的面貌。勒维纳斯通过苏格拉底之死来说明死亡与面貌的关系。他说:"死亡是面貌之活动性的不动化(终结),而面貌本身首先是否定死亡的(永恒);它是话语及其否定之间的斗争(见《裴多篇》中对苏格拉底之死的描绘),在这一斗争中,死亡证实了它否定的强力(见苏格拉底最后的话)。"(《上帝·死亡和时间》)

海德格尔强调此在并不是忽略一个人在活着时对死后面貌的超前描绘,他只是把这一意图深藏于心,他认为意志问题不该成为哲学问题,就像信仰不该成为存在问题一样,他所关心的是超越一切哲学方法,给人提供一种用来构造自己存在的全新哲学方法。海德格尔把这一方法看作是存在的第一原则或新的开端,他无疑在召唤每个人“把存在当作自己的事来做，来完成，来实现”。在每个人生存中，与他关系最为密切的既不是信仰，也不是理性，而是存在本身（并非一种向死而生的观念和意愿，而是问题和哲学的本源），他启示人们从对“此在”的追问出发构建自己人性、归属与自在的人生。为什么要把存在看作是“受难”“清偿”“罪过”呢？海德格尔认为人恰恰是从存在的束缚中演绎出他的多彩人生。在这里，人是自主的、有趣的、机智的、自然的。他直面存在，不回避摆在眼前的难题，同时，他通过发问探究存在的意义，从而实现自在自为。在这样的存在中，他自身激发出冲动和行动力，冲动（激情和意愿）衡量着对存在的驾驭程度，衡量着人所担负的责任和使命，这一责任和使命使个体的人“服务于存在的存在之整体性”（海德格尔：《关于人道主义的书信》）。人不是被动地纳入整体性中，人是因为此在而成为整体性中不可或缺的一部分。人与整体性共存，不是关乎个体的消弭，而是以差异为特征对“整体性”的丰富。正是因为个体的这一共性担负，个体才拥有了更为重要意义上的存在。人抵抗失败和死亡的虚无正是凭借对这一共存的信心而更有力量。

三、此在与死亡

勒维纳斯对海德格尔此在的分析非常精辟。他说：“假如问题涉及客观传达的生与死，那么，在人与死亡的关系中，在死亡对人类时间的碰撞中，在死亡那永远开放的可能性的碰撞中，在它不可逆转的、时间变得陌生的必要性之中，我们最好点明这些意义的种种地平线。承认这一‘共决’，承认人性不是一种被简单地体现出来或被简单地个体化了的普遍理念，而是意味着一种十足的把戏，意味着存在行为在其中披上了意义的外衣，或者存在行为在其中分解为意义的一种决裂——没有这种决裂，对象会以真相之隐瞒（按照胡塞尔的话，‘意义的滑落’）相威胁。”（《上帝·死亡和时间》）

意义是如何产生的？他来自存在带给人的种种“威胁”。这种威胁促使人在不安中保持敬重和醒觉，培育对他者的责任心、自我勉励等，用勒维纳斯的话说：“醒觉在它的醒觉状态中并不感到自满，并不站立着睡着。”“醒觉”或者叫“思”，是面对此在的基本生命模态，此在的本质即“烦”，它限制在自身存在（计划）、已然在世（已经或过去）、共存（现在或当下）的结构之中。看上去这个烦的结构是时间结构“计划—将来”“已经—过去”“共存—现在”，实际上这是此在本质决定的。勒维纳斯说破了这一本质：“在此在中，存在成了问题，而成了问题的存在，我们不妨可以这么说，是动词存在的身份，是它的史诗，它的行为得以实现的方式。成了问题的存在对这一存在状态来说是本质。”（引注同上）

在《存在与时间》中，海德格尔把死亡设想成彻底的确切，设想成确切的可能性，并把它的意义限定在死亡上。确切——肯定有的东西，死亡中未异化的东西，在他身上本真的东西。死亡的确切是如此的确切，它甚至是任何确切的源泉。

海德格尔想说什么呢？是把死亡看作是唯一可信赖之物吗？（确切）死亡的确切是关于终结的确切，我们是否把终结当成存在目的呢？尽管它不可回避。我们是要为生命提供闪亮的存在理由，还是要为终结找到无可辩驳的理由呢？生命在过程中虽不确切，却提供了不确切的存在（可能性），并以此存在提供交际下的伦理关系，它使生命相互绽放，而不是毁灭。但死亡以其毁灭使一切行为失效，它使缺失的行为朝向反思（史诗性的），当然，它也可能使行为朝向忘却和篡改，使真实性改头换面，以死为界，死前的事有生命和行为对证（时间无法直接提供证据，时间只是参照系），而死后的事（相对于存在者）无法对证。这时，死亡成为“此在”，很多新事物从“死亡”身上流出，而死者永不会争辩与阻挠。这也许就是海德格尔所说的“确切成了确切的源泉吧”。

勒维纳斯发现了这一问题，因此他说：“死亡是分散。”而这种分散是本质性的、本源性的。不仅存在于死者生前，也存在于每一个人身上。伴随对死亡存在同时发生的是“忧虑”和“恐惧”。勒维纳斯评价说：“在海德格尔那里，任何情感的源泉是忧虑。它是对存在的忧虑（恐惧隶属于忧虑，它是忧虑的一种变形）。问题：忧虑是不是从别的东西中导生出来的？与死亡的关系被设想成是虚无在时间中的经验。这里，人们探寻着意义的其他维度，既为了时间的意义，也为了死亡的意义。”（引注同上）

勒维纳斯谈到虚无中的经验，这也是海德格尔关注的问题。尼采将更大的存在（不确定性）归于虚无。海德格尔不想延续尼采的理论，因此把考察的视野瞄准死亡之前，这样尽管此在的进程中时刻存在着“死亡之点”，但死亡不再表现为虚无，而是表现为“源头”“出发”和“可能性”。死亡的“确切”不是作为行为以及其空间的描述，而是作为此在的问题被描述，作为忧虑和恐惧被描述。如果死亡导向虚无，就不再有忧虑，与之伴随的要么是幻灭，要么是放任自流。当然，海德格尔对尼采的哲学思想并不是持“否定”态度，他选择了“克服”，即去除那些他认为不重要的部分，

如果死亡导向虚无，就不再有忧虑，与之伴随的要么是幻灭，要么是放任自流。

并在其问题的基础上予以完善。海德格尔在尼采的思路上继续思考虚无问题，所以，他考察的对象是虚无与时间的关系，即虚无作为此在的有效期问题。一个人如果在他的生命中意识不到虚无，那么虚无也就在这个人身上没有效力。但显然，海德格尔不赞同尼采通过“超人”的实现来战胜虚无，而是寄希望于一种更为“日常的力量”来战胜虚无。这个力量就是使此在变成对存在的持续追问。尼采认定悲剧是一切情感诞生的源泉，所以，虚无的部分只要有悲剧存在（为拯救而承受苦难），虚无就将变成实有。而什么时候悲剧的情感会激发出对虚无的勇气，这只是时间问题。海德格尔把尼采的“悲剧”换成了“忧虑”，这一情感源泉始终存在，这意味着虚无的部分必将为这一忧虑所填充，使其实有（物化），这一物化进程表现为时间的耐心以及意义的诞生。

四、作为哲学的方法

海德格尔在《存在与时间》中使用的哲学分析方法主要是格式塔方法，即造境。这一方法源自亚里士多德，所以，海德格尔也把亚里士多德称为古希腊哲学“第一个开端的第一个终结”。其标志是通过沿着亚里士多德由探究“存在者”转向探究“存在”的哲学方向，集中探究“此在存在论”。海德格尔在晚年整理的“道路回顾”中承认：“在 1922 年到 1926 年间开始了这项尝试——这是第一条道路，它通过现实的操作尽可能彻底地使存在问题在格式塔（gestalt）映入眼帘。这个存在问题虽然在本质上超越了迄今为止的一切追问方式，但它同时又回溯到与希腊和西方哲学的争执。”（《海德格尔自述》，［德］马丁·海德格尔著，张一兵编，李乾坤译，方向红校译，南京大学出版社，2015 年 1 月）1932 年之后，海德格尔的研究之路又发生了变化，由最初“从形而上学和对它的克服的视野来进行阐述”，逐渐过渡到从存在自身阐述，并把前面克服的真理问题重新又带回到对存在的探究中。这样的变化用格式塔来表示即最初之路：此在—存在者—存在构境。后来之路：此在—存在者—存有构境。这是海德格尔哲学相对其他哲学而具有的突破和贡献。但通常人们看不到这一层意思，就算是哲学家也少有人理解海德格尔的雄心和意图。从哲学历史向度来看，《存在与时间》是追问自亚里士多德以来被形而上学遗忘了的存在本身。海德格尔对他的《存在与时间》被解读成“单纯个人存在论”非常反感，对此也感到十分失望和孤独。1969年海德格尔接受美国学者理查德·维塞尔主持的电视采访，在采访前的准备性讨论中他拒绝为自己的哲学做阐释，他说：“我说了也白说，没有人懂。”他还对维塞尔感叹道：“我孤独，怎样孤独，您不知道。”（《回答——马丁·海德格尔说话了》，［德］贡特·奈斯克 埃米尔·克特琳编著，陈春文译，江苏教育出版社，2005年10月）

海德格尔不是一步迈入这一哲学高地的，此前他作了诸多训练和研究，上高级中学时上韦德教授开设的“柏拉图专题”课；在大学时学习神学以及经院哲学，并在埃德蒙德·胡塞尔《逻辑研究》和《算数哲学》中感受到了科学的价值和重要性；而他的博士论文则是《心理学主义中的判断学说》，开始涉及“如何同时对待现代逻辑和经院哲学中亚里士多德主义基本判断中的逻辑学和认识论问题”。他也向费希特和黑格尔学习，特别是深入研究了中世纪经院哲学家邓斯·司各脱的“范畴”和“意义”学说。司各脱的《问题论丛》对海德格尔把存在归结为“提问”具有直接的影响。海德格尔正是在集萃了诸多先哲思想的基础上，在克服一些僵化教条的观念影响后，走出了属于自己的哲学之路。海德格尔说在马堡的时光中，他悟到：“所有的东西都应该从根本上被克服，而不是必须被摧毁。”对象化了的上帝和形而上学都必须在根本上被克服，而不是被简单地否定。他提出“克服”这个概念是对一种建立在颠覆之上的批判生态的修复，突出了自我哲学对其他哲学的尊重和回避。哲学从存在来说必将走向“共存”，而不是“毁灭性”地排他。他试图让哲学变成一种“提问”的艺术，他对传统哲学“提问”，也向自己“提问”。他和笛卡尔强调的“怀疑”不同，怀疑可能指向无意义，但提问不会指向无意义，而是对意义的追问和生成。他不把分歧解释为“对立关系”，而是解释为“辩论关系”，他称来自哲学问题的提问和探究为“争执”。这让我们想到辩论双方各执一词，他们要讨论的问题没有唯一的答案，也不可能在讨论中达成完全共识，“争执”将使这个问题存在变成常态，争执将是解决这个问题的最好办法。在此问题上，海德格尔以自身为蓝本，实践并印证了这种“提问”和“争执”的存在哲学。正如他自己总结的那样，《存在与时间》中的那个“人的此在本体论”主要是想使传统哲学的对象化存在者认知逻辑复归于存在本身。1930年之后，这一努力被直接定义为“克服形而上学”；而《从本有而来》的新计划则是将从形而上学复位的存在本身再打上叉，走上“绝弃存在”的另一条道路。有人批评海德格尔的哲学太复杂了，是自己给自己设计的智力迷宫，因为人们不了解海德格尔的哲学路线，一厢情愿地用思辨哲学方式或传统批判方式来理解他，必然会迷惑。

五、道路，而非著作

如果我们结合海德格尔个人存在进程的变化来理解他的“自我争执”可能更容易些。首先我们看到他提问的问题是有阶段性特征的。当然问题与问题不是线性关系，即符合一种液态的流动状态，对此勒维纳斯看得很准。他在谈到海德格尔关于存在的时间与死亡关系时说：“在时间之持续——其意义兴许不应该参考存在—虚无的对立体，把它当作理性、当作整个理性和整个思想性、整个人性的最终参照体系——中，死亡是一个点，对这一点，时间维系着它的整个耐心……”（《上帝·死亡和时间》）我们可以把海德格尔每一次路线的转变看作是一个“死亡的点”。这里的死亡不是终结，而是出发。这些概念建立在现象学和心理学之上，甚至，他融入了“时空”

“模态”“情绪”“语言”等多重维度，使基于“自我争执”之上的哲学构境具备完全的独一无二特征。根本上说，海德格尔不涉及合理性问题。凡是触及合理性问题时他都用有效性来替代。同时，他也从不对存在提出“为什么”的问题，因为这类问题都将导向理性的认知。他提出的问题更多关乎的是“怎么样”。正是看到存在的非线性特征，所以，他认为关乎正确的判断都是“瞬间性的”或者“瞬间有效”。在方法上，海德格尔运用“瞬间建构”和“解构的思想构境”来阐述存在。海德格尔说：“只有那些‘一再经历伟大瞬间——即遭遇到存有的隐匿作为其现身的瞬间——的人’，才能把本质性的步骤揭示出来并加以展开。”（《海德格尔自述》，[德]马丁·海德格尔著，南京大学出版社）对海德格尔而言，这种“本质性的步骤”可能体现为遭际，比如他出任纳粹党控制的弗莱堡大学的校长；可能体现为“思想的瞬间”，比如他说当初思想的道路“始终摇摆不定并一直处于挫败和迷途的包围之中……思考的任何一个阶段都不知道，在它前面究竟会发生什么”（引注同上）。同时，他对生成可能性的关注远远大于对已有事实的关注。这也是他后来“自我争执”的原因。在他身上，没有一个已然完成的事实，而只有一个不断“提问”生成的事实。任何一次“提问”都不意味着对自身处境的肯定与顺应，而是意味着对一个新的历史的创造。用他自己的话说就是生命的存在就是参与“史诗”的创造。

海德格尔给他的哲学解释设置了绝对的开关，他说：“这种追问绝不允许——按照习惯的理解——在这里从怀疑甚至从否定出发来解释……可是，就对这种‘自我批判’的反应的合适性来讲，现在的公众还不太成熟、太没有教养。一直以来的‘批判者’中间没有一个人抓住了本质问题，更不用说更原初地思考了对每一个‘批判’所需要的东西，因为这种‘批判’所要求拥有的那种尺度只允许属于判断者……”（引注同上）由此可见，海德格尔关于存在的史诗不是为每个人描绘的蓝图，可能那仅仅是他为自己描绘的蓝图。如果我们要从海德格尔的思想中获得启示和指导，首先得让自己接受海德格尔模态，即一个有着深厚哲学修养，天性敏感，深藏着功利心，喜欢造境，十足的自以为是，且有着超凡想象力和思考力等人的模态。尽管他在后期重新思考“真理”问题，即“存有”，但因概念的生涩和表述的饶舌，终未产生多大的影响力。我认为海德格尔带给我们最大的遗产是他关于“思与诗以及存在的澄明”的思想。而这些在海德格尔自己看来可能并不是其思想中最重要的。他认为在纯粹哲学上提供了一种前所未有的思考存在的方法和道路，包括他研究荷尔德林并非只是因为荷尔德林，“而是作为我们未来历史的另一个开端的那位诗人”以及提出“使存在的真理成为问题”的问题，而不是人们通常理解的“诗艺的哲学”和“艺术的岔路”。

海德格尔在他去世的前几天，为自己的全集写下著名的格言：“道路，而非著作！”

道路，而不是著作。海德格尔希望他留下的是一条可供人们自行选择行走的道路，它通达你想去的任何地方，但它不代表你的抵达，也不决定或限制你的行走。这就是海德格尔与众不同的地方。

这些艺术家所做出的创新几乎都拥有神人一体化特征。比如在《神曲》中但丁将自己的理想和宗教最高目标合一，达·芬奇的《蒙娜丽莎》具有了天使和人同样美丽的微笑，而米开朗琪罗将《大卫》雕塑得健美而阳刚，俨然是生命活力的象征。

欧洲近代哲学发展及艺术家创新

一、意大利点燃人文思想的火炬

近代欧洲思想的活跃始于文艺复兴，突飞猛进于启蒙运动，到德国理性主义达到巅峰。面对政教一体在思想和行为上长期的禁锢和压制，欧洲人民渴望思想解放的力量风起云涌，势不可挡。伴随着天文学对宇宙真相和自然秘密的探究，哲学迎来了摆脱奥古斯丁和托马斯·阿奎那经院哲学一统天下、走向崭新天地的历史时机。这样的哲学家最早出现在意大利，他就是但丁和达·芬奇之后的哲学家和自然科学家特勒肖。特勒肖出生于1508年，去世于1588年。他的哲学思想师承于古希腊米利都学派代表人物阿那克西美尼和爱利亚学派代表人物巴门尼德。这些哲学家在苏格拉底之前主要从自然本体论的角度出发，思考的是自然本质问题，是古希腊原始哲学的代表。苏格拉底之后，古希腊哲学开始从人本的角度思考人和自然的关系问题。特勒肖出生的时代，意大利已经诞生了但丁、达·芬奇、米开朗琪罗，这些艺术家所做出的创新几乎都拥有神人一体化特征。比如在《神曲》中但丁将自己的理想和宗教最高目标合一，达·芬奇的《蒙娜丽莎》具有了天使和人同样美丽的微笑，而米开朗琪罗将《大卫》雕塑得健美而阳刚，俨然是生命活力的象征。但在哲学上，基督教会只允许接受由教会认同的托马斯·阿奎那的哲学。托马斯·阿奎那的哲学本身并非一无是处，他是将基督教教义和亚里士多德自然主义思想融合为一的人，他也是把教义哲学化的思想家，他是继奥古斯丁之后，经院哲学的集大成者。他身为修士，自律严明，天资聪慧，把基督教统治下的中世纪欧洲从迷信和迷茫中带向智慧的新天地。他发挥了亚里士多德自然主义观点，在承认灵魂和肉体是彼此独立的二元论基础上，强调灵魂和肉体组合才成为一个完整实体，不仅赞同亚里士多德关于人的认识基于自然和感觉的观点，而且同亚里士多德一样，论述了人的心灵是一块白板，可以接纳外来的印象，并通过理智抽象形成概念，建立判断，认识真理。托马斯·阿奎那是将基督教思想纳入真理性而不仅仅是神性的哲学家，他强调上帝和真理是同一的。用真理的唯一性论证了一神论的合理性，又用上帝的创造力量解释了自然的丰富性。托马斯·阿奎那和亚里士多德思想的核心区别在于，就形而上学来说，亚里士多德哲学探讨的是世界是什么，是怎样形成现在这样的，即讨论世界存在本身。而托马斯·阿奎那的哲学探讨的是世界怎样存在，是追溯世界的起源。针对亚里士多德说“宇宙万物特别是人，无不以完善其本性为目的”，托马斯·阿奎那则认为：“万事万物在完善自己的本性时，无不体现上帝的至善，上帝才是最终目的。”针对亚里士多德说“人人向往幸福”，托马斯·阿奎那则说：“人人向往幸福，但现世的幸福是不重要的，只有上帝那里的幸福才是真正永恒的幸福。”托马斯·阿奎那的哲学是宗教哲学，既有亚里士多德哲学的理论形式，又有基督教思想的基本内核，是基督教思想发展史的一个里程碑。他的代表作是《反异教徒大全》，由于他用哲学思想劝教，他的思想不仅迅速得到了教会的认同，而且得到了一些持有进步开放思想的知识分子的认同。

为什么启蒙思想运动把托马斯·阿奎那的哲学当作革命对象？这是因为教会在思想和意识形态上的管制，只允许人们相信托马斯·阿奎那的思想，不允许有其他的思想，所有与托马斯·阿奎那思想相违背的都被视为异教徒予以打压和迫害。在这样的背景下，特勒肖的出现就显得十分重要。首先特勒肖一改经院哲学把柏拉图（奥古斯丁）和亚里士多德（托马斯·阿奎那）作为思想源头的做法，而是将这一源头向前推进到自然本体哲学时代，他从阿那克西美尼的“空气是宇宙的始基，一切存在物都由空气的浓厚化和稀薄化而产生”“运动是永恒地存在的”等理论中得出自己对自然的认识，他的创造性认识体现在提出了“物质”的概念，并将人的主观世界也看作是物质的。物质运动是由于冷和热的相互冲突引起的。特别是针对基督教的一神论，提出了泛神论的思想，认为自然界的一切都具有灵性。特勒肖的主要著作是《依照物体自身的原则论物体的本性》，这个书名包含一个纲领，即应当从自然界本身，而不应当从神学观点去理解和说明自然界。特勒肖在哲学上的贡献就是针对亚里士多德系统论哲学和托马斯·阿奎那经院哲学的影响，开了“立足于自己原理上思考哲学问题”的先河。特勒肖也是吹响反经院哲学号角的第一位斗士。

在特勒肖之后，意大利又出现一位反经院哲学的斗士，他就是乔尔丹诺·布鲁诺（1548—1600）。他进一步倡导思想自由，作为思想家、自然科学家和哲学家，他的行为和精神鼓舞了16世纪欧洲的自由运动发展。他坚定不移地捍卫哥白尼的太阳中心说，并到处宣讲这一学说，使其很快传遍整个欧洲。他被世人誉为反教会、反经院哲学的无畏斗士，是捍卫真理的殉葬者。1592年他被当时的教会逮捕入狱，最后被宗教裁判所判为“异端”，并被烧死在罗马的鲜花广场。1992 年，整整四百年后，罗马教皇才宣布为布鲁诺平反。布鲁诺的遭遇预示了意大利哲学家悲惨的命运。

在布鲁诺之后，又一位对近代哲学做出突出贡献的哲学家经历了甚至比布鲁诺还要悲惨的命运。这位哲学家就是托马斯·康帕内拉（1568—1639），康帕内拉是第一位空想社会主义者，他因发表反宗教著作多次被捕，一生坐牢时间累计三十三年之久。他的一生是战斗的一生，他曾写下这样的诗句："我降生是为了击破恶习：诡辩、伪善、残暴行为……我到世界上来是为了击溃无知。""我全部身体在一小把脑髓中——可是我贪婪地阅读的书却多得全世界也装不下，我的贪得无厌的胃口是喂不饱的，老是感到饿得要命。"

在康帕内拉的思想成长中，特勒肖对他具有很大影响。他认为特勒肖是敢于发表反对亚里士多德错误言论的哲学家。他自己也在反对亚里士多德思想的战斗中一马当先。为了反对马尔塔，他用了七个月，完成了他的第一部哲学著作《感官哲学》，明确反对经院哲学，以及经院式的亚里士多德主义，反对权威的偶像崇拜，断言真正的权威是自然，人们应该直接研究自然这部"活书"。他继承了特勒肖的唯物主义感觉论，认为人的知识来源于感觉经验，离开感觉经验，人们就无法认识世界。这本书的出版使他遭到了宗教裁判所的逮捕。在次年的判决中，强迫他放弃特勒肖哲学，忠实恪守托马斯·阿奎那的宗教哲学，并限令他七天之内离开那不勒斯，回到故乡的修道院去。

康帕内拉一生都在思考改造社会的计划，寻找拯救人类的出路，幻想建立幸福的社会。1601 年下半年，在狱中，他写成了空想社会主义著作《太阳城》，还撰写了《形而上学》以及《论最好的国家》一文。在1616年写成《捍卫伽利略》一书和论文《人如何能避免星辰所预示的命运》。1634年10月，他逃亡法国，在那里整理出版了《医学》、《太阳城》和《实在哲学》合集、《论物的意义》、《唯理论哲学》等著作。

意大利是近代哲学的发源地。伴随着文艺复兴思潮涌起反经院哲学、反神学，走向科学、实证、自然的强大思想洪流，彻底动摇了中世纪以来政教一体化建立的意识形态堡垒，将人们的心灵引向探索、求真、个性和自由的王国。从早期思想家的遭遇来看，把15、16世纪的思想运动称为"盗火者"运动是不为过的。他们内心其实都怀着为人间带来真知的使命感。为此，他们为自己遭受的苦难而欣慰。但费尔巴哈认为哲学在意大利只是点燃了火种，哲学在这里并没有安居。费尔巴哈所说的安居是指哲学思想并没有转化为意大利人的思想行为方式以及生命基因。意大利人骨子里还是太文艺了。这并非是哲学不成熟的因素，而是哲学缺乏生存的土壤。所以，哲学在欧洲继续寻找它可以立足的家园。

二、英国从思想上书写了人与社会实践理论的新篇章

继意大利之后，接受并续燃反经院哲学火炬的国家是英国。由于英国人忠于实利和商业，因此，反经院哲学给他们高扬经验主义旗帜提供了理论支撑。但意大利人追求精神个性自由的热情在英国受到了冷落。费尔巴哈曾这样描述哲学在英国的现状，他写道："在英国功利主义和重商主义的沉闷气氛中——在那里，精神只有凭借于幻想和幽默的翱翔，才能超越那个狭隘的、有限的领域——思想这个自由飞翔的、虚无缥缈的神灵的使者被贬谪为经验主义的

意大利是近代哲学的发源地。伴随着文艺复兴思潮成为反经院哲学、反神学，走向科学、实证、自然的强大思想洪流，彻底动摇了中世纪以来政教一体化建立的意识形态堡垒，将人们的心灵引向探索、求真、个性和自由的王国。

Mercurius praecipitatus[坠落的麦库利乌斯（商业之神）]。”（《对莱布尼茨哲学的叙述、分析和批判》，[德]费尔巴哈著，涂纪亮译，商务印书馆，1979年10月）

费尔巴哈所说的“幻想和幽默的翱翔”指的是《乌托邦》的作者托马斯·莫尔。这个人文主义和空想社会主义的倡导者继康帕内拉之后，将哲学研究的方向直接引向社会改造和理想制度构建。在这方面，他是柏拉图思想的忠实追随者。托马斯·莫尔在《乌托邦》中写道："我觉得这个民族的祖先是希腊人，因为所操语言虽然几乎全部和波斯语相似，但在城名和官名中保留着希腊语痕迹。当我们准备第四次出航时，我未在船上装出售的货物，而是放进一大捆书，决心永远不从那儿返航，而不是下次再来。乌托邦人从我取得柏拉图著作的大部分，亚里士多德论述数种，以及西俄夫拉斯塔斯关于植物的书。"（《乌托邦》，[英]托马斯·莫尔著，戴镏龄译，商务印书馆，1982 年 7 月）

以上这段对话反映了托马斯·莫尔哲学思想的源头仍然是古希腊的柏拉图思想。由于莫尔置身英国社会的管理层，他对社会当下存在的矛盾和问题看得更为清楚，也感受得更加确切。他没能将哲学思考带入形而上学的理论高度是因为他看到哲学的真正价值在于对人类社会和生活的正确指导。在他的《乌托邦》里，讨论并规划了人类现实生活中最必不可少的问题，基于理想性，而不是基于可行性，他放弃了对每一观点对与错的论证，把描述规则、制定制度、规划目标作为他思想的主要任务。比如提出财产分配制度、劳动制度、工农关系制度、城市规划、婚姻制度、幸福及快乐原则、卫生健康原则、伦理制度等。托马斯·莫尔尽管没有在哲学上建立属于自己的体系，但他建立了供后人学习借鉴的社会制度体系。在这一点上，他把人文主义思想从意大利初期对经院哲学和教会制度的颠覆引向了对新制度的革新和构建。这种务实的思想直接影响了后来英国经验主义的诞生。值得一提的是托马斯·莫尔像意大利的哲学家一样，同样遭受了国王和教会的迫害，他成了殉道者。从国王和教会采取的残暴手段中，反映出了托马斯·莫尔思想在当时英国的先进性和重要性。他点燃的人文主义和社会理想的火种不仅被他的曾孙亨利·莫尔所继承，也被约翰· 洛克、乔治·贝克莱和大卫·休谟所继承。

◎ 亨利·莫尔（1614—1687）

十七岁就读于剑桥大学基督书院，并在那里一生从事哲学研究和教学工作。他是新柏拉图主义的倡导者，反对斯宾诺莎的无神论，他认为动物也有灵魂。他虽是一位基督教哲学家，但积极宣传勒内·笛卡尔的思想，据说“笛卡尔哲学”和“唯物主义者”这两个哲学概念就是他创造的。费尔巴哈在洞察英国形而上学发展成就时认为，亨利·莫尔是使形而上学作为历史哲学，作为柏拉图主义或神秘主义保存下来的哲学家。费尔巴哈认为“真正的、创造性的精神却是经验主义和唯物主义”。

◎ 约翰·洛克（1632—1704）

约翰·洛克是民主自由思想的缔造者，也是民主社会制度的设计者，约翰·洛克的思想为欧洲崛起奠定了理论基础，并提供了务实有效的方法。英国在18世纪、19世纪称霸世界，成为日不落帝国，很大一部分要感谢约翰·洛克的思想贡献。约翰·洛克没有像托马斯·莫尔停留在对社会现象的研究和目标的理想化上，而是深入分析了构成社会的核心成分，把目光由对财产的关注转向对权力的关注，规定了统治者与被统治者的权力。他首次系统地思考了政府职责、制度、权力等问题，写出了对后世影响巨大的《政府论》。他指出政府只有在取得统治者的同意，并且保障人民拥有生命、自由和财产的自然权利时，其统治才有合法性。洛克认为只有在取得被统治者的同意时，社会契约才会成立，如果缺乏了这种同意，那么人民便有推翻政府的权力。洛克是将哲学引向政治的创造者，突出表现在民主政府制度和自由主义思想上，他被现代的自由意志主义者视为理论奠基人。

洛克的思想研究始于一个核心，即人。方向朝向两个领域，一个领域是人的群体存在，即国家和社会人如何存在；另一个领域是人本身，即如何认识自我。在洛克之前，欧洲没有任何一位哲学家将人作为本体来看待，这种思想在中国古代并不缺乏，儒家思想就是从人本上思考问题的。但洛克要比儒家思想先进，因为他不是单纯从伦理学上确立统治者与被统治者之间的关系，而是从制度和法律上约定了彼此的权利。对长期饱受教会和封建王朝统治的英国底层人民来说，这一思想极大地解放了他们的生命活力和自由空间。英国社会迅速崛起也得益于社会各阶层活力的释放。洛克通过对人进行研究，发现人尽管本质是自私的，但人都有理解力和宽容心，且人在自然条件下都是平等和独立的，这构成了民主参与社会管理的前提。这个前提就是人的基本权利不容侵犯，但在公共事务上，统治者和被统治者都可以通过宽容达成和解。“宽容”不是“征服”和“压迫”，“宽容”是一种保留分歧，但可接受的妥协。其中任何一方的主体地位都得到了尊重。洛克为此专门撰写专著《论宽容》和《人类理解论》，将一种妥协的艺术上升到理论高度，使人看到宽容不是人的情感意愿问题，而是人必须有的一种本质选择。

洛克的理论不仅激励了英国的发展，也激励了美国革命和法国大革命，其影响结果是使欧美雄霸世界三百多年。由洛克民主自由思想形成的英国乃至欧美国家文化与制度的优先感到了2016年才出现转折的迹象。同年6月，英国出人意料地举行了“脱欧”公投，发出了欧洲近代文明解体的信号。之后美国总统特朗普上台，大肆推行贸易强权和种族排斥政策，使得美国作为人类文明领跑者的形象尽毁。伴随着中国和一些新兴国家的崛起，世界格局正发生历史性变化，东西方文明正处在一个相互交融又相互替代的微妙阶段。站在这时代转折点回望约翰·洛克思想的伟大功绩，仍然让我们肃然起敬。

回到哲学本身，后来很多伟大的哲学家都深受约翰·洛克思想的影响。比如同为经验主义代表人物的乔治·贝克莱、大卫·休谟，法国哲学家让-雅克·卢梭，甚至德国理性哲学奠基人依曼努尔·康德等。事实上，洛克的思想不仅影响了后来的哲学，也影响了诸多领域的发展。洛克关于对人的心灵和意识的发现，比如关于“人生下来心灵是一块白板，填充内容的主要方式是教育”这一思想直接影响了后来教育学的发展。而他在“主观性”上对人的认识确立了人自我的概念，成为后来哲学、心理学和精神现象离不开的参照系。洛克对人和社会的研究成果也为后来唯物主义看清宗教本质提供了理论支撑。费尔巴哈就在《宗教的本质》中把对上帝的崇拜看作是人的自我崇拜。

◎ 乔治·贝克莱（1685—1753）

乔治·贝克莱是一位致力于哲学创新的思想家，他提出《视觉新论》与其说要否定物质的存在，还不如说要在认识事物的路径上开辟出一条新路。哲学界将他界定为主观唯心主义的代表，并大加批驳。事实上，哲学从来都不是对客观事物存在的被动附和，人在参与认识世界的过程中，也在通过发挥人自身的能力改造世界。就世界本来面目而言，谁也不能说我们已经将存在于眼前的一切客观事物都看透了，正如我们仍然不知道宇宙的边界在哪里一样。自然科学希望我们按照世界的本质来描述万物的存在，但人是一个有灵性的存在，人对世界的认识能力和人自身的灵性密切相关。贝克莱反对“无神论”者把人的认识过程描述为一种机械的被动过程，即把知识看作是一个必然的存在，相反，他认为每一个事物，尽管它有自身的客观性，但在每个人内心的反映是不一样的，人们内心的感觉经验将决定他对这一事物的判断，有着不同心灵和不同感觉经验的人会对同一事物得出不同的观念。这从认识的特殊性上说并没有错，况且，自古至今，为什么哲学家不像农民那样多？就是因为哲学家拥有和农民不一样的认识经验，而这种经验又不具有普遍性。感谢这些哲学家，给我们提供了与常人不一样的视角，让我们看到不一样的世界。由此不难发现贝克莱的认识论不是建立在必然性上的，而是建立在可能性上的。贝克莱认为一切知识都来自经验，强调的是人自身对被认识物体验和感受的过程，因此这不完全是一个实证的过程，而是一个思考、感觉和感受的过程。尽管唯物主义者将他的理论看作是荒谬的，但科学家依据他的理论发现了诸多未知的世界，包括对宇宙天体的认识。特别是他的思想极大地鼓舞了艺术家们的创作，印象派、表现主义、立体主义的发展都得益于贝克莱思想的启示。

贝克莱是在面临斯宾诺莎哲学否定神性和约翰·洛克强调物质具有客观性质，而人的感觉经验是主观的这两个前辈思想影响下提出他自己的观点的。对斯宾诺莎自然即神性的观点，贝克莱给予了明确反驳，他认为不存在这样的同一性和必然性，既然自然即神，为什么我们每个人从自然中感受到的不一样？贝克莱不是从自然本身讨论自然的必然性，而是从人对自然的感觉经验上提出了个体认识上的差异。同样，在反驳约翰·洛克物质具有客观本质，而认识

贝克莱的哲学从来没有回避在纯粹的形而上学层面接受批判和检验。尽管唯物主义针对他的思想多有批判，但他提出的存在、心灵、视觉、观念等新的哲学理念极大地开阔了哲学研究的领域，并对后来的哲学家产生持久影响。

是主观的方面，贝克莱并不就物质的普遍性来研究，这样就避开了物质具有普遍性的本质的问题。也许贝克莱并不否定这一点，但贝克莱强调的是对每一个人来说，你若不经验到它，就算物质的本质存在你也不知道，你若不知道它存在就等于你对它无知。贝克莱的贡献就在于告诉我们扩大自己对未知世界认识的路径和方法。那是关于自我世界的开阔，是对自我认识能力的开发，而不是批评他的人们将他绝对化到一口说出真理、一眼看遍世界那样简单。贝克莱的哲学是关于人的哲学，而不是关于事物本质的哲学，遗憾的是自从他的思想诞生以来一直被放在唯物主义的对立面，当作关于事物本质的哲学来批判。贝克莱所做的努力无非是把过去属于上帝才能做的创造性工作变成人人可以做的事。他说："人们只要稍一观察人类知识的对象，他们就会看到，这些对象就是观念。而且这些观念又不外三种。（1）一种由实在印入感官的；（2）一种是心灵的各种情感和作用产生的；（3）一种是在记忆和想象的帮助下形成的。"（《人类知识学原理》，[英]乔治·贝克莱著，关文运译，商务印书馆，2011年5月）在认识的世界里，而不是客观现实的世界里，一个人是用保存观念来保存他对世界的认知的。正如一个人可以通过旅行认识阿尔卑斯山，通过阅读记忆、观察想象留下他对阿尔卑斯山的认知，他将这个认知视为阿尔卑斯山在内心的观念。谈起阿尔卑斯山时，他不能谈论现实中的阿尔卑斯山乃至它的全部，他只能谈论阿尔卑斯山在自己内心中的观念。基于人认识的这一局限性，贝克莱说："存在是观念得以形成和产生的原因或本体，一个观念的存在，正在于其被感知。"（引注同上）人们没有清楚地认识到贝克莱思想的这一指向，而是机械地反驳说："如果你没有感知到，事物是否就不存在呢？"这样的反驳实在是无力的，从认识的角度看，阿尔卑斯山并不以我们是否感觉到它而存在，这是毫无疑问的，但关于阿尔卑斯山的知识如果你不去感觉它，你就不会有。苹果就在那里，为什么只有牛顿从中发现了引力？

当然，贝克莱的哲学从来没有回避在纯粹的形而上学层面接受批判和检验。尽管唯物主义针对他的思想多有批判，但他提出的存在、心灵、视觉、观念等新的哲学理念极大地开阔了哲学研究的领域，并对后来的哲学家产生持久影响。比如影响了德国的费希特、黑格尔等，其中费希特在贝克莱认识论的经验论基础上，进一步发挥，构建了德国理性主义时代的知识学体系。费希特在论述知识的经验性时谈道："有限的理性实体，除去经验之外，就不具有别的东西了；经验就是他的思维所包含的全部材料。哲学家必然是处在同样的条件下。因此，他如何能超越经验，就似乎是不可理解的了。”（《全部知识学基础》，［德］费希特著，王玖兴译，商务印书馆，1986 年 7 月）

三、法国开启了近代自然哲学和方法论的新纪元

英国人的务实思想贯穿于哲学研究的始终，无论是托马斯·莫尔，还是费朗西斯·培根，也无论是以约翰·洛克为代表的经验主义还是后来以约翰·穆勒为代表的功利主义，都带着英国人特有的保守观念。这样的精神背景决定了英国人可以在工业革命中走在世界前列，却不能产生可以堪称开新纪元式的哲学家。

英国哲学这种向下的选择并非坏事，事实上，英国这一阶段的哲学发展为后来哲学扎根德国人的骨子里创造了条件。但如果哲学回到地面，哲学就不再是哲学。从空间上来说，哲学的视界应该处于一定的高度，但这个高度不至于让人仰视，望而生畏，超出人们的分辨力之外，凡是超出这一界限的内容，都可能属于神学的领域。不过在启蒙运动初期，最为复杂的哲学问题仍然是“世界是什么”的问题。回答不了这个问题，就摆脱不了对上帝的依赖。对此，英国的经验主义哲学关注点未免狭隘，这时，笛卡尔在法国的出现将近代哲学带到一个新高度。

◎ 笛卡尔（1596—1650）

一个使哲学改变思维方向的人，一个为人类认知虚空万物存在以及变化规则提供公式和方法的人，一个打开天地秘密和未知之门并将钥匙交给我们的人。他出生于法国，因躲避教会的迫害长时间客居他乡。尽管在他活着的时候并没有受到法国政府的厚待和肯定，但他的

荣誉和成绩最终还是属于法国。可以说，笛卡尔一个人代表了启蒙时期法国哲学的最高成就。后人把笛卡尔称为“近代哲学的鼻祖”也是对法国哲学进步的客观肯定。

笛卡尔对哲学的创新与贡献在于他不仅是从哲学思考哲学，而且是从数学、物理学来思考哲学。尽管这样的思考方式在古希腊的毕达哥拉斯学派中也有，但不同的是笛卡尔通过他在几何学、解析几何学、物理运动学等学科中的发现，提出了阐释世界与真理的全新理论和概念定义。笛卡尔是近代借助自然科学研究的成果构建新的哲学体系和流派的第一人，也因此开启了后来哲学进入理性主义阶段的新纪元。今天，我们无论是小到分子、原子的研究，还是大到宇宙天体的运算，都在沿用笛卡尔发明的数学公式和物理公式，在哲学上仍在沿用由他提出的世界存在二分法，物质和精神二元论成为我们思考一切存在和规则的基本参照系。他把由古希腊延续下来的思辨哲学带入一种可以实证的新的思想体系之中，改变了人们习惯于亚里士多德式的形而上学思考的方式。同时，他提出的“怀疑一切”“我思故我在”等哲学命题赋予了每个人思考哲学、探索真理的权利，并把这一赋予称为“天赋”。

理解笛卡尔的哲学体系首先要了解笛卡尔进入哲学的路径即沉思。也就是他的《第一哲学沉思集》。面对虚空和万物，笛卡尔将“思”纳入存在来考察，在对“思”与世界实存的考察中，笛卡尔在《第一哲学沉思集》界定“凡清楚而且明晰设想时就能发现其必然存在的，或者至少是可能存在的一切事物”就是存在物，它是实存的，客观世界都是存在物。哲学的目的在于认识客观世界，造福人类，并能主宰世界。笛卡尔此时认同生命有高低等之分，在所有生命中，笛卡尔认为只有人拥有灵魂，具有思维创造能力。基于这样的观点，人对自然世界认识的深度取决于人多大程度地思考客观世界。这种认识能力不是由物质世界决定的，而是由我们思维的方式和方法决定的。所以，笛卡尔提出思想和意识虽然不是一种实存物，却是认识实存物必不可少的“样式”。离开了“思想的样式”，自然界就不能成为一个利我（造福和主宰）而存在的存在。

按照这样的轨迹发展，笛卡尔发现人不仅有思想的能力，还有虚构（幻想）的能力，那么，哪一种样式更能让我们接近实存物的本性呢？斯宾诺莎对笛卡尔这一思考的解读更有助于我们的理解。他在《形而上学思考》中明确指出：“许多人把思想存在物和虚构存在物也混为一谈，他们认为虚构存在物也是思想存在物，因为它不存在于心灵之外。但是只要他们仔细注意一下上面指出的思想存在物和虚构存在物的界说，他们就会发现这两者之间存在着重大的差别，这种差别不仅在于它们所依赖的原因，而且也在于它们的本性自身，而不问其原因如何。我们正是把没有任何理性指导的两个名词（Terminos）纯粹任意的结合叫作虚构存在。因此虚构存在仅仅在偶然情况下才会是真实的。反之，思想存在物则不依赖于纯粹的任意，也不是由某些名词结合所组成的，这可以从它的界说中明显地看出来。”（《笛卡尔哲学原理》）在这里笛卡尔强调两点：第一，思想存在物和虚构存在物都不是实存的，它们只是人认识和改造自然世界的“思想样式”；第二，在运用思想存在物认识和改造自然世界过程中，思想存在物，即在“理性指导”下的思想存在物才能抵达必然的存在（真理或同一性），而没有理性指导的虚构存在物（包括幻想、感觉等非理性方式）只能抵达偶然的存在物。偶然的存在物只有在偶然中才是真实的，所以，偶然的存在物不存在同一性，而是差异性。就当时哲学突破亚里士多德思想禁锢来说，笛卡尔对理性思想样式的描述是具有颠覆性质的。哲学经由笛卡尔在启蒙时期达到一个全新的领域也正是在这一点上实现了对传统哲学的颠覆。后来这种理性主义一直影响到德国哲学，并经由康德、黑格尔达到鼎盛。

笛卡尔是如何构建自己与众不同的哲学体系的？笛卡尔在哲学思考上运用的是方法论，而不是系统论。他将世界分为两部分，一部分是物质的（自然实存），一部分是思想的（理性样式），这样就使得纷繁复杂的事物，包括人自身的思维感知的复杂性都得到了简化。这样的划分并非是边界纯粹清晰的划分，而是基于可认识的划分。鉴于这种理论在准确性上的模糊，正如当时伽森狄（1592—1655）从唯物主义角度对《第一哲学沉思集》发出的“诘难”一样（笛卡尔在准备出版该书前征求伽森狄意见，伽森狄对他的观点逐一做了批评，并在后来出版了《对笛卡尔〈沉思〉的诘难》），笛卡尔的理性思想在康德那里才上升到纯粹的高度，并对自然科学和哲学做了边界的廓清，直到黑格尔才将理性体系建立臻于完善。但笛卡尔聪明地借助几何学的论证方法来间接地阐述了自己思想体系的独立性。对此，我们需要把几何学思考的方式和哲学思考的方式对应起来看才好理解。

笛卡尔不仅是哲学家，也是数学家和物理学家，他发明了直角坐标系和解析几何，打破了古希腊几何学囿于图形分析的僵化局面，将一切事物都看作是点在空间的分布，通过建立直角坐标系可以明晰确定点在空间的位置，并通过点的移动（运动）描绘出点的运行轨迹。如果说自然世界是必然存在的，那么由点构成的万物运行轨迹就是必然存在的，认识并描绘出这一轨迹就是认识了真理。人类运用这些真理就可以更好地让自然界的事物为人类的幸福服务。在这样的对应中，我们发现笛卡尔首先建立了自己的坐标系，即把世界界定为物质和思想的二元世界。但是世界和人都是变化着的，机械静止地看待人的思想和认识是不科学的。笛卡尔借助自己在数学上的另一个发现，即函数与变量数学的公式，来认识事物变化的特殊性。显然，函数理论揭示的是变量与函数之间的因果关系，而不是绝对真理，因此，笛卡尔认为人在认识上所进行的思考以及思考到的存在物都是不完美的，其永远处于趋向完美的运动之中。万物因此靠运动发生关系，人只能认识运动的规律性，而不能认识运动抵达的完美性，但如果这种终极的原因不存在，运动也就不存在。所以，笛卡尔把这终极的原因（始因）描述为上帝。人们由此把笛卡尔看作是一个有神论者，其实，笛卡尔只不过在这里借用了上帝之名而已。笛卡尔的所有哲学思想都是打破神话、破除神学假说的思想。笛卡尔提出“我思故我在”就是宣示每个人都可以怀疑一切，包括上帝的存在，每个人都是真理的发现者，只要你肯怀疑，并能运用必要的方法。

笛卡尔运用自然科学研究成果改造哲学的方法直接影响了斯宾诺莎和莱布尼茨，后来也正是在两个人的进一步发展推动下，理性哲学冲破长期以来形而上学和神学的双重禁锢，从宏观到微观，从方法到体系全面打开了认识世界与真理之窗。启蒙运动成为推动欧洲近代文明复兴的强大推动力量。

四、荷兰：斯宾诺莎成为思想的独立性和自由的化身

在欧洲的近代史中，相对于法国和英国，荷兰并不是一个思想十分活跃的国家，近代哲学必须浓墨重彩地写上荷兰一笔只因为一个人，这个人就是斯宾诺莎。正当英国的感觉论和唯物主义思想冲击法国由笛

卡尔建立的理性主义哲学新潮之时，在荷兰，斯宾诺莎勇敢且义无反顾地高举起理性主义旗帜。费尔巴哈这样评价他："在这个人身上显露出一种比民族特征更为重要的特征，这就是犹太教和基督教之间的重大区别。这个人虽然诞生在一个犹太人的家庭里，并接受犹太人的教育，可是他后来却跟犹太教决裂，而又没有归附于基督教，他是思想的独立性和自由的化身。"（《对莱布尼茨哲学的叙述、分析和批判》）

◎ 斯宾诺莎（1632—1677）

斯宾诺莎用强大的思想力去除了长期以来宗教和神秘主义思想对人的遮蔽，揭开一切神人同形论和神人同情论的伪装，呼唤人们把眼睛擦得亮亮的，以便看清每一个事物的本质。他通过对本质和必然性的追问和思考，引入几何的论证方式，重新界定了人与自然、人与神、人与社会的关系。他一出现就令宗教界和当时的统治者为之惊恐，因为坚持思想自由、质疑基督复活、把上帝看作是一种广延的存在物，犹太教会将斯宾诺莎永远清除教门，市政当局下令将斯宾诺莎驱逐出阿姆斯特丹。从此，斯宾诺莎一生过着隐居和流浪的生活，但是，他的思想一刻也没有停止工作。二十六岁开始撰写《神、人及其幸福简论》，二十九岁完成《知性改进论》，三十岁开始撰写《伦理学》，三十一岁撰写《笛卡尔哲学原理（依几何学方式证明）》，三十三岁开始撰写《神学政治论》，四十四岁开始写《政治论》。简述他的写作过程只是为了呈现出他强大的思想创造力。他一生只活到四十五岁，终身未婚，把属于自己的遗产全部转移给姊妹，他将自己的一生全部交给了纯粹的哲学。

斯宾诺莎思想受到当时教会和基督教信徒们的强烈反对，在思想上最具有代表性的是他的论敌凡尔底桑对斯宾诺莎的批判。凡尔

万物的必然性表现为永恒的真理，它不是靠至高的权力（上帝）决定而确立的，而是根据万物不可克服的必然性和不可避免的命运而产生的。

底桑坚决反对《神学政治论》，他曾在1671年1月24日写给斯宾诺莎思想追随者奥斯顿的长信中，系统反驳了斯宾诺莎的观点。这封信后来通过奥斯顿转给了斯宾诺莎。斯宾诺莎在1671年2月针对凡尔底桑的质疑和反对写了回信，这封信也是通过奥斯顿转给了凡尔底桑。这次书信往来讨论的核心问题是斯宾诺莎是否在宣讲无神论？这一问题也成了后来人们研究斯宾诺莎思想始终绕不开的问题。

斯宾诺莎借助《圣经》中上帝的至高权力统治和造物主的地位来思考万物的本质问题，他从上帝的唯一性中发现了万物的必然性。第一，当上帝是宇宙的创立者和缔造者时，意味着世界的形式、现象和次序显现，即存在的一切也像上帝的本性一样具有了必然性。第二，万物的必然性表现为永恒的真理，它不是靠至高的权力（上帝）决定而确立的，而是根据万物不可克服的必然性和不可避免的命运而产生的。第三，凡是具有正确思考和理性的人都能认识到万物的必然性，即真理性，人们不是依靠听从上帝的律令或神谕才能认识的。就算上帝用命令向人们启示那些永恒的真理和其他必然而来的事物，上帝也在启示中使自己变得适合于人的理解，而不是使理解神秘化。第四，万物的存在不是受人意志的支配（这一点和笛卡尔的观点恰好相反），而是受规律支配，其产生和消灭的必然性犹如三角形的本性一样，因此，基督教箴言里的事物也是不依赖于人的意志存在的，它们的显现或隐蔽不决定任何善或恶，同时，人也不能依赖祷告改变这种必然性。第五，人们之所以迷信并依赖箴言和神令，理由是人们的无经验和无知。人们需要那些东西，目的是鼓励自己去酷爱美德、憎恨罪恶。但这些情感上的好恶并不能改变万物的本性。在这样的思想认识的基础上，斯宾诺莎指出基督教的末日审判是不存在的，上帝既然创造了宇宙的必然性，他自己也将隶属这一必然性。对人而言，不是依靠恐惧惩罚才选择有德性的生活，而是看到德性就是德性自身的报酬。这种报酬不是来自天赐，而是来自自身的实践和经验。因此，斯宾诺莎否认有任何与规律和必然性相违背的奇迹。他认为奇迹是那种意外发生的事情，其原因不为普通人所知。所以普通人依靠祷告获取上帝特殊的关爱和帮助，这种行为不符合理性，而是迷信。由此推得所有信仰都具有相同的本性，信仰之间没有差别，人们信仰什么应该由地方长官来决定，而不是教皇或上帝来决定，臣民们有权按照他们的精神气质和性格选择自己的宗教，只要这些外来宗教不妨碍道德德行和虔敬精神的培养。

斯宾诺莎的思想受到当时一些基督教维护者的批判。比如凡尔底桑。他是一名医生，但他研究哲学和神学，是虔诚的基督徒。出于对传统基督教思想的维护，他对斯宾诺莎的思想提出批判，他在信中说：“如果我指责他是用隐蔽的伪装的论据在教授纯粹的无神论，我并不怎么违背事实，或者对这位作者做了任何有害的事。”（《斯宾诺莎书信集》，［荷兰］斯宾诺莎著，洪汉鼎译，商务印书馆，1993 年 9 月）有趣的是斯宾诺莎在回信中否定了自己是一名无神论者，这是基于“无神论者”在当时有着特定的概念，在 17 世纪人们通常认为“无神论者”总是过度追求荣誉和财富，而斯宾诺莎却不是这样的人。今天我们来看斯宾诺莎的这些思想，不难发现，尽管他还使用“上帝”这个词，但是这和《圣经》中的上帝已经不是同一个概念，因此他主张对《圣经》不能从教旨和神谕上去理解，而是从词义上去理解。毫无疑问，通过上帝的唯一性推导出万物的必然性，斯宾诺莎将上帝的神性存在转变成了本质存在，由此取消了上帝至高无上的统治权，取消了神性的神秘性，取消了关于最后审判的惩罚和奖赏的裁判权，同时戳穿了信徒依靠祷告就可以获得上帝赏赐与救赎的“奇迹”伪装，并打破基督教教皇权威，提出教权行政化、信仰自由化的先进思想。

斯宾诺莎即便从深层的思想上也不承认自己是在宣传无神论的思想，他在反驳凡尔底桑的信中写道：“他继续说道，‘为了避免迷信的过失，我认为他似乎把一切宗教全都抛弃了。’他是怎样理解宗教和迷信，我不知道。我请问，那个抛弃一切宗教的人难道会主张上帝一定要被认为是最高的善，一定要作为这种最高的善为自由的人们所敬爱吗？难道会主张我们最高的幸福和至上的自由唯一就在于此吗？而且，难道会主张德行的报酬就是德行自身、愚蠢和软弱的惩罚就是愚蠢自身吗？最后，难道会主张每个人都应当爱他的同胞，服从至高力量的命令吗？

我不仅明确地主张这一切，而且还以最充分的论据加以证明过。”（引注同上）

斯宾诺莎在致胡德的信中论证了一切靠自己能力或力量存在的存在必是包含必然存在的本质，也必须表现纯粹的圆满性。他说：“我主张只能有一个其存在属于其本性的存在，这就是说，只能有这样一个自身具有一切圆满性的存在，我把这个存在称之为神。”（引注同上）他在后来的书信中进一步就存在的圆满性、本质和神定义时说：“如果我们假定，只有在其自类中是不受限定的和圆满的事物，才是通过其自身的充足性而存在的，那么我们也就必然承认一个绝对不受限定的和圆满的本质存在，这个本质，我称之为神。”于是他得出结论：“神之外无物存在，只有神通过其自身的充足性而存在。”（引注同上）斯宾诺莎的这些书信给后来的研究者界定他是有神论者还是无神论者制造了很大的麻烦。

把斯宾诺莎定义为无神论者的学者们认为，他超出《圣经》的神谕，而从教义出发对神做了理性的界定，他把神界定为最高的善、最终的圆满性。他用真理的正确替代上帝的先在正确，使得模糊的神性和神秘的神性都有了清晰的认识边界。他把一切必须恭敬服从的上帝变成一个每个人可以自行认识与接近的上帝，从伦理学角度指出爱上帝即最高的善。当他说“德性的报酬就是德性自身”时，等同于在说：“对上帝的爱等同于爱自身（这里的爱自身指精神和行为的自足性，而非指个体）。”显然，这不是出于对上帝律令遵从而有的爱，而是从实践和经验出发抵达至善的爱。他在《伦理学》中写道：“幸福不是德性的报酬，而是德性自身；并不是因为我们克制情欲，我们才享有幸福，反之，乃是因为我们享有幸福，所以我们能够克制情欲。”（《伦理学》，［荷兰］斯宾诺莎著，贺麟译，商务印书馆，2011 年 6 月）斯宾诺莎的神性不是指上帝的权力和威严，而是对规律和律令神圣性的敬重和遵奉。

有的学者把斯宾诺莎看作是有神论者，这些人以斯宾诺莎书信中的言论为依据，认为斯宾诺莎整体的思想体系还没有超出犹太教的宗旨，只是他对神的阐述加入了理性的成分，从适于人理解的角度把《圣经》的先知之言看作是一种培育美德的引导和教育，而不是圣言或真理本身。而人通过爱上帝来使自己从爱本身出发抵达至善是人信仰的本质。这些人从斯宾诺莎思想中获得了修正神学思想和传教方法的启示和依据，由单一地从神的角度谈论神性，过渡到从神、人一体性谈论神性，把一种先在的神秘的召唤转变成人因为发现爱的意义而具有的自我唤醒。但不管怎样，斯宾诺莎都是继笛卡尔之后对欧洲影响十分巨大和深远的思想家之一。包括德国的莱布尼茨、康德、黑格尔以及后来的唯物主义思想家费尔巴哈等都深受斯宾诺莎的影响。在摆脱基督教教皇长期对欧洲的统治中，斯宾诺莎的思想深深地动摇了教皇统治的根基，尽管他当时身影孤单，在阿姆斯特丹，他一个人托起欧洲的黎明。

斯宾诺莎和笛卡尔一样，从数学中发现思想原理和推论方法。他思考神性以及本质问题运用的就是几何学原理。即第一步，提出命题；第二步，对命题中的概念进行界说；第三步，用归因法（归谬法）证明命题。他在回复胡德先生要求他解答如何根据神本性包含的必然性存在来证明神的唯一性信中说：“为了证明这个问题，我将假设：

1. 每一事物的真正界说无非只包含被界说事物的单纯性质，因此推出：

2. 任何界说不包含或表现许多或一定数目的个体。因为界说所包含或表现的无非只是事物自身的性质。

3. 对于每一个存在的事物必然有一个肯定的原因，通过这个原因，它才存在。

4. 这个原因一定是，或者存在于事物自身的本性和界说之内（即因为存在属于这个事物的本性，或这个事物的本性必然包含存在），或者存在于事物之外。”（《斯宾诺莎书信集》）了解斯宾诺莎思想的方法有助于我们理解他的思想特点和内涵。他在《笛卡尔哲学原理》中使用的就是几何学原理，在《伦理学》中也曾运用过这一方法。他在给胡德的信中说道：“尊敬的阁下，这就是我现在认为证明这个命题的最好方法。以前我曾用另一种方式，即应用本质和存在的区别证明过这同一个命题。”当然，斯宾诺莎不仅仅使用几何学原理来思考和证明问题，他也使用分析法和归纳法。

以上的四个假设及推理反映了斯宾诺莎形而上学思想的方法和特征，即他对事物的思考是基于本质的思考；个性与本质之间不是差异问题，而是因果问题；存在不是由本质的必然性决定的，而是“一个必然的肯定的原因”决定的，而这个原因和事物本质之间存在着内在的因果关系。因此，数目的多少是个差异性问题，而不是本质的问题，决定数目多少的原因不能从事物内部找，而必须从外部找。他在信中说道：“因此我们可以绝对地得出结论说，凡是能设想

按照斯宾诺莎的观点，普通的自然只是指有形的世界，而他说的自然不仅包括有形物质或有广延的实体，而且也包括无形的精神或有思想的实体。

数目很多的存在的事物必然为外来的原因所产生。”（引注同上）

从这一论证方法中我们发现，斯宾诺莎并不是基于绝对的神（超自然的存在），或相对的神，即多神来讨论神的唯一性问题，也就是说不把已有的概念作为讨论对象，而是把界说的概念作为讨论对象，他所论证和检验的是他自己设定的命题。尽管带有自圆其说的痕迹，但从思想和认识上都开辟出了前所未有的新路径。斯宾诺莎关于神的界定是有独创性的，他既不像《圣经》中将上帝定义为创造者和主宰者，也不像笛卡尔将上帝定义为推动万物运动的第一动因，而是界定为万物的属性、真理的本质。斯宾诺莎的这一思想在当时欧洲具有革命性意义。一方面，他纠正了由笛卡尔提出的“可以认识的世界上帝为第一因”的错误认识，扭转了笛卡尔思想被基督教思想变相利用，重新将启蒙运动引向蒙昧的局面。斯宾诺莎的思想鼓舞了人们对本质、真理和先进思想方法的探索。另一方面，他也对当时流行的英国经验主义哲学予以校正，特别是对培根的思想给予了批判。斯宾诺莎在答复亨利·奥尔登堡先生问题的信中说：“您问我，在笛卡尔和培根的哲学里，我发现了哪些错误。虽然我是不习惯于揭露别人的短处，然而，我仍愿满足您的要求。第一个和最大的错误就在于：他们两人对于一切事物的第一因和根源的认识迷途太远了；其次，他们没有认识到人的心灵的真正本性；第三，他们从未找到错误的真正原因。但是正确认识这三个问题是何等必要……关于培根，我不想多说什么。因为他关于这个问题说得非常混乱，并且几乎不加任何证明，而一味地下断语。”（引注同上）

从斯宾诺莎那里，我们获得了关于宗教神性与自然的全新定义。他说：“如果有人认为《神学政治论》就立足在这一点上，即神和自然（他们把自然理解为某种物质或有形物质）是同一个东西，那他们就完全错了。”（引注同上）斯宾诺莎所说的“自然”不是指物质世界，而是等同于最高“属性”或“本质”的概念，如果神具有包含一切的属性，那么自然就是指这个“神”。按照斯宾诺莎的观点，普通的自然只是指有形的世界，而他说的自然不仅包括有形物质或有广延的实体，而且也包括无形的精神或有思想的实体。

我们也获得了关于宗教与迷信的区分。斯宾诺莎说道：“至于说到奇迹，那么我是相反地深信神的启示的可靠性只能以教义的智慧为根据，而不能以奇迹，也就是以无知为根据的……我把这看作是宗教与迷信之间的主要区别。”（引注同上）斯宾诺莎强调宗教与迷信的区别，在他看来，迷信以无知为根据，而宗教则以智慧为根据。可见他并没有完全摒弃宗教，而是强调理性的宗教。这种宗教观他在《伦理学》第五部分中有更加具体的阐述。斯宾诺莎指出无知的人才迷信有奇迹存在。这种迷信期待的无非是依靠超自然的力量带来的结果，而在自然中不可能存在超自然的力量。所谓的超自然力量仅仅是因为人对自然的力量还不能认识和理解，即对自然力量的无知所致。一旦我们理解了，超自然的力量也就成为自然的力量。斯宾诺莎的这一观点令当时教皇和神学家们为之恐惧和憎恨。

从斯宾诺莎那里，我们也获得他的忠告：“不要把荒唐的错误视若神明，不要可耻地把那些我们不知道的或尚未发现的事情同那些明知是荒谬绝伦、有如这个教会的那些毛骨悚然的隐私那样的东西混为一谈，他们愈是反对正确的理性，您就愈是相信他们有非凡的见解。”他也清醒地了解自己的哲学价值和地位，他说：“我并未认为我已经找到了最好的哲学，我只知道我在思考真正的哲学。”我们将受启于他的每一个发现从而祛除积弊和无知，而让思想和智慧抵达自由透彻。我们将铭记他的告诫：正如光明之显示自身并显示黑暗，所以真理既是真理自身的标准，又是错误的标准。

五、德国：莱布尼茨开创了理性主义走向巅峰的新时代

谈到理性主义，人们自然会想到德国的哲学家，以及以理性和严谨思维见长的德意志民族。这些广为人知的理性主义哲学巨匠包括早期的莱布尼茨、具有划时代意义的康德和将理性主义哲学体系完备化

的大师黑格尔。这些哲学家不仅代表德国哲学的发展巅峰，也代表世界哲学发展的巅峰。他们的思想影响了整个世界的发展，今天，我们仍然不同程度地受惠于他们的智慧和创造。费尔巴哈曾经这样评价启蒙时期德国的哲学，他写道："在德国，它沉湎于对自身的反省和思考之中，它把各种不同的哲学观点收集到一起，用普遍的类观念、哲学观念把它们归并为若干类；在这里，哲学再一次阅读它在其他国家旅行时所写的全部著作，加以批判和校正，或者把其中某一部分整个抛弃。在这里，它重新拾起过去它在法国业已开始，但由于法国人的性格不坚毅而没有继续完成——而且恰恰在一些最重要、最困难的问题上半途停顿下来——的工作，并借助于德国人的彻底性和坚毅性持续不断对它进行最深入的探讨。只有在这里，在德国，哲学才定居下来，才和民族的本质融合到一起。"（《对莱布尼茨哲学的叙述、分析和批判》）

1. 关于莱布尼茨和他的哲学

莱布尼茨是集数学家、哲学家于一身的德国重要人物。在哲学上，他的思想和影响力与笛卡尔、斯宾诺莎比肩，并与前二位一起被称为"理性主义三大代表思想家"。在自然科学上，他对微积分的发现使他与牛顿齐名。莱布尼茨出生于1646年7月1日，1716年11月14日死于汉诺威，父亲是莱比锡大学的伦理学教授。莱布尼茨一生涉猎的领域甚多，是历史上少有的通才，被誉为十七世纪的亚里士多德，但让莱布尼茨博得不朽声名的主要是他在哲学和数学上的成就。莱布尼茨是德国第一位创立了独立思想的哲学家。莱布尼茨的哲学和他之前法国哲学家、英国哲学家建立在批判传统之上不同，他选择了肯定和继承古人思想的做法。他熟悉古希腊哲学，熟悉亚里士多德、毕达哥拉斯哲学，并从这些哲学家思想中吸取大量有益的精华。

莱布尼茨曾批评一些哲学改革家只知道依靠否定前人来建立自己的学说，不懂得继承前人有价值的思想。他谈道：“他们宁愿从事于制定和陈述自己的思想和设想，而不愿整理和阐述亚里士多德和经院哲学这些古代学派遗留下来的宝藏。如果哲学把古代思想全盘否定，而不是加以改善，至少没有把亚里士多德的原著中大量包含着的卓越思想加以肯定，那对哲学是没有什么好处的。”（《论哲学的风格》，莱布尼茨著，转引自《对莱布尼茨哲学的叙述、分析和批判》）

莱布尼茨哲学思想基础建立在万物本然谐和存在。所以从思想上他将古希腊思想以及德国哲学前辈如雅各布·托马希乌斯的思想相调和，受毕达哥拉斯影响，将数学和哲学相融合，针对德国宗教排斥理性现象（马丁·路德曾把亚里士多德视为“可诅咒的、不信神的、狡诈的异教徒”，并把哲学看作是魔鬼），莱布尼茨指出：“我们的宗教绝不是（与理性）相对立的，毋宁说，宗教处于理性之中，植基于理性之中。如果不是这样，那我们为什么宁愿读《圣经》，而不愿意读《可兰经》或者婆罗门的古籍呢？”他还谈道：“宗教之最重要、最永恒的真理应当立足于理性之上。”（《对施塔尔的见解的答复》）他认为万物都是相互联系的，构成万物的最小单位是单子，物质与物质之间靠运动连接，人与万物之间靠精神连接。在他看来，没有任何不可穿透的物质，精神、理性活动是没有界限的。他认为没有任何事物是绝对坏或卑微的，或是绝对空洞和毫无疑义的。对事物而言，卑微的事物以卑微为本质就不是卑微，我们若能认识到这一点我们也不会把卑微的事物视作卑微。这种对事物认识观念的改变主导了我们和万物相联系的态度、方式，乃至存在本质。正如培根说过：凡是值得存在的事物，都是值得认识的。乔尔丹诺·布鲁诺也说过：没有任何事物是如此细微，如此渺小，以致精神不能居住于其之中。这些观念也表达了莱布尼茨的思想本质。他认为一切事物都是借以达到最高目的的手段；他建立各种联系和关系的唯一目的，就在于促使科学在其各个领域内得到发展。

莱布尼茨的哲学是一种认识哲学，在这方面他受笛卡尔影响的痕迹很深。尽管他后来否认自己是笛卡尔主义者。他在《人类理智新论》中，借杰奥菲洛之口谈论自己说："我不再是笛卡尔主义者了。"关于对物质世界的认识，莱布尼茨认为一切事物都只不过是符号；他认为事物的真正意义（含义）仅仅包含在精神本身之中。这样的观点让我们不由自主地想到笛卡尔的"我思考，我怀疑，故我存在"。若不是从认识的方法论看待莱布尼茨的观点，我们自然会把他归入唯心主义哲学家之列，但如果从认识方法论角度理解莱布尼茨，就会感到他的独特性和合理性。

莱布尼茨认为事物是一个个单子，它们独立存在，并不具有意义。单子是莱布尼茨发明的概念，他继承亚里士多德的工具分析法，利用概念和形而上学的方法规定事物的本质和秩序。显然，事物自身不会追问意义，只有人追问意义。所以，单子概念的确立不是出于客观认识而定的，而是出于人主观需要而设定的。笛卡尔希望他的哲学能够用来指导人们最大化地创造美好生活，所以，他的哲学更突出了人的需要性和目的性。莱布尼茨也是一样，他也希望认识的目的能够满足人最高目标的实现。所以，莱布尼茨从意义入手研究人与事物之间的关系，他认为意义产生于单子与单子之间形成的对最高目的的实现，而这个最高目的只来自人的精神。因此，相对于人的精神和最高目的而言，事物的存在如同被赋义的符号。莱布尼茨未必像后来的批评者们指责的那样，无视客观世界的存

人可以建立各种联系和关系，并将自身的目的贯穿其中，运用科学的方法使事物重新获得存在的意义。

在，相反，他比唯物主义者看得更加细微，他知道物质被确定为物质并不能让物质满足人的精神（认识与改造世界）的需要，人和事物之间只有通过建立意义才能建立关联性。

莱布尼茨不赞同笛卡尔用机械的物理运动来解释自然现象和万物。他指出笛卡尔“没有运用理智的本性，企图仅仅以物质的必然运动来说明一切”。他反对笛卡尔把一切归结为两大类——思维的存在和广延的存在物。他认为在这二者之外还存在一种活动，“一种单纯的、内在的活动”。他说：“当我开始研究力学和运动规律的最后根据本身时，我却非常惊异地发现不可能在数学中找到这些最后根据，因此我必须返回形而上学。”“我也觉得那种把动物贬低为机器的观点是难以置信的，甚至与自然规律相矛盾。因此我察觉出单纯的，有广延的物质并不是一个充分的原则。”“我认识到，并不是有形物体的全部特性都可以从纯粹的逻辑原理和几何原理中，例如从关于大和小、整体和部分、形状和位置的原理中，推引出来；为了论证自然体系，还必须补充另一些原理，例如关于原因和结果、主动和被动的原理。”“于是，我又返回到隐德来希（含有目的的现实中，作者注），并从物质的原则返回到形式的（精神的）原则。”（《对莱布尼茨哲学的叙述、分析和批判》）理解莱布尼茨这一原则是理解他哲学思想的关键。他在物质的原则之外更关心“精神的原则”是要探究“原因和结果、主动和被动”原理。由主动和被动出发，莱布尼茨认为“在一切与广延及其变体不同的概念中间，力这个概念是最清楚的，最适于说明物体的本性”，所以，“力本身构成物体的最内在的本质”“虽说广延是某种原初的东西，但它毕竟也要以力为前提，把力作为自己的原则”。（引注同上）他在致阿尔诺信件手稿中写道：“既然我们的观念只是灵魂本性的产物，而且也是借助于它的概念才从灵魂之中产生出来的，则若去追问一个特殊实体对另一个特殊实体的影响就徒劳无益。但撇开这一事实，这种影响也是绝对得不到说明的。诚然，当我们的身体有某种运动出现时，我们才会有某种思想，而当我们有某种思想时，我们的身体才会发生某种运动，但这是因为每个实体都依其方式表象着整个宇宙的缘故，而构成一种身体运动的对宇宙的这种表象在灵魂里便构成一种痛苦。我们将活动归因于那些表象得最清楚的实体，并且称其为原因。”（《莱布尼茨早期形而上学文集》，[德]莱布尼茨著，段德智编，段德智、陈修斋、桑靖宇译，商务印书馆，2017年12月）

莱布尼茨善于从普通的事物中找出“黄金”，按照“符号”理论，这个意义的黄金本身并不包含在事物中，而是存在于事物之外人的精神之中。如果用“找出”这个词的话，黄金也不是从事物中找出的，而是从精神与事物的运动关系中找出的。非要说这个意义属于事物的，那也不是从事物中“找出”的，而是人“塞入”事物内部的。莱布尼茨认为没有任何不可穿透的物质，精神（理性活动）是没有界限的。等于说，我们可以向事物内部塞入任何东西，但我们塞给事物的会成为事物的本质吗？比如，我们把“生命之源”塞给水，可以阻止水的蒸发吗？显然不能。因此，莱布尼茨的观点适于开发人面对事物的想象力和思考力，开发我们对事物的感知方式和表达内涵，但不能改变事物自身的本质。本质是事物内在于自身的，而不是人赋予的。这一点，斯宾诺莎做得十分出色。

莱布尼茨认为，一切事物都是人借以达到最高目的的手段；人可以建立各种联系和关系，并将自身的目的贯穿其中，运用科学的方法使事物重新获得存在的意义。为此，他甚至认为游戏也值得哲学家注意，也是有意义的，因为游戏时也需要思维。莱布尼茨把万物存在的核心原则看作是活动，他认为活动是个性的基础，不同的存在物只不过表现为活动形态的不同。思维是所有存在物中最高的形态。对人来说，活动是他的精神和性格本质。莱布尼茨认为事物并不孤立地存在，对于人的能动的精神来说，事物始终是无限的思维材料，并且，事物只有借助人的精神力量才能加以摇动和震荡，显现出事物的丰富活力。一切事物都是相互联系的，在联系的整体中，个体显示出不可或缺的重要性，甚至就个体而言是坏的东西，在联系的整体中也可能是好的。他说：“我几乎对什么东西都不轻视。”

单子是莱布尼茨哲学的重要概念，我们能否准确理解莱布尼茨关于单子概念的定义决定我们是否能真正走进莱布尼茨哲学内部。在莱布尼茨那里，单子的概念不仅指单一的个体，而且指单纯的事物。单子对应的概念是杂多。单子和杂多物或混合物都是概念的存在物，它是被规定出来的定义和衡量事物存在的尺度。单子与原子、夸克等组成物质的细小元素是不一样的概念，单子指向事物类的本质，而原子等概念指向构成事物的最小元素。单子通过表象的差异相互区别、相互映现，而表象的差异仅仅取决于物质，因此物质是差异的源泉。单纯物、力、单子不过是思维的产物，而复合物和有广延之物则是想象和知觉的对象,直观的对象必须是有广延的。

莱布尼茨认为已有的哲学在认识自然世界时受限于表象和感觉的对立，经院哲学把自然界看作是上帝精神的存在物，要求人们从精神上出发理解自然、认识自然。笛卡尔主张从宇宙的客观规律出发并以此为尺度认识一切事物，包括自然的和自由的事物。随着心理学和人体解剖学的出现，人们对人认识的神经反应过程和心理活动规律有了一定的认识，对表象和感觉的定义也发生了很大变化。针对当时流行的神经官能感觉论认为人对世界表象的感觉包含了人的经验和理性判断观点，以及认为表象并不依从人的感觉判断，而有它自己的本身样子的观点，即“感觉并不等同于知觉”说，莱布尼茨提出统觉意识，把一切单子所共有的简单的知觉或表象提升为知识，提升为概念，并借此把心灵提升为精神，同样意识把一切单子所共有的欲望提升为意志行为，从而提升为自由，因此，自由的本质植根于认识，理性就是自由的原则。

对单子和杂多的划分是为了搞清楚哪些事物具有能动性，哪些事物具有被动性，以便按照力的原理发现事物变化的规律性，并使之满足最高的目的性。因此，在莱布尼茨那里不是要努力把表象和感觉分开，而是要努力把能动的表象和被动的表象分开。莱布尼茨认为能动的表象仅仅为就本义的心灵所固有，被动的表象则为单纯的隐德来希（含有目的的现实）和力不是为了自身而表象宇宙，而是基于单子与单子的联系中以及宇宙的客观性中认识宇宙。他认为：“每个单子不仅反映它自己的身体，而且反映整个宇宙，这就好像每个物体通过自己的运动表现着宇宙一样。这并不是说在这两者之间仿佛存在着确实的类似之处，而只是说这类似于我们在绘图时可以通过抛物线或直线而画出圆形来；要知道，内行的人根据任何一个局部就能认识整体，例如仅仅根据狮爪就能认识狮子一样。”（《对莱布尼茨哲学的叙述、分析和批判》）所以，在莱布尼茨眼里，每一个单子都是映现宇宙的一面镜子。在这里，莱布尼茨明显超越了他之前的哲学家关于对表象和感觉狭隘的认识，突出表现在他从细微处能动地洞见普遍性和整体性的哲学思想。为此，费尔巴哈把莱布尼茨的哲学形象地比喻为“显微镜”，而把斯宾诺莎的哲学比喻为“望远镜”。

2. 关于莱布尼茨灵魂和单子的哲学原则

莱布尼茨提出灵魂和单子的概念其中原因之一就是为了与笛卡尔哲学相区别。笛卡尔哲学十分严格地把精神和物质区分开来，认为精神的本质在于思维，而且就纯粹自我意识的意义而言，精神和生命是同一的，且是互为依存的。认为哪里没有精神，哪里也就没有生命。莱布尼茨认为笛卡尔的哲学具有局限性，因为把精神看作是自我意识，因此必然把一切没有清楚明白的自我意识的东西看作是没有生命和灵魂的物质，看作是机械。按照笛卡尔的观点，数学意义上的物质广延才是有形体的自然本质。它从物质各个部分的大小、形状以及通过运动而形成的位置差别中引出一切。因此，笛卡尔把自己的哲学说成是机械。

莱布尼茨认为纯粹的物质原则不足以说明自然现象，为此，他仍然要求助于形而上学，包括单子和力的概念。力在莱布尼茨的哲学中不是物理学中的力，而是一个引发单子关联运动的哲学概念。从能动认识的角度说，灵魂是引发单子运动的主要力的来源。

从这个示意图中，我们更好理解莱布尼茨哲学的原则：

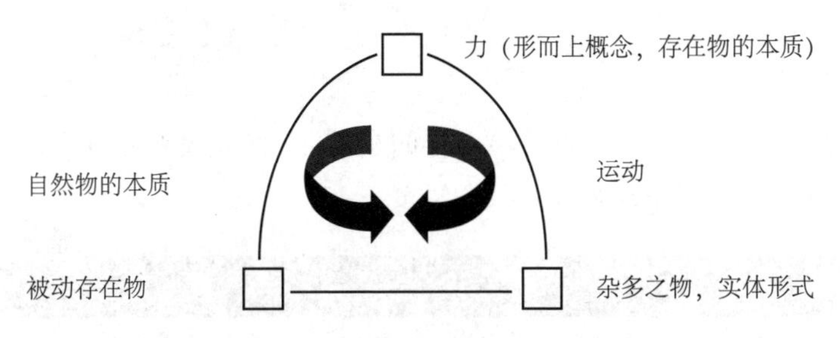

（1）只有力才是形而上学意义的存在；

（2）凡不是力、不具力的东西，就是虚无；

（3）力是非物质的本质，它是我们称之为“灵魂”的东西，因为，只有灵魂才是活动的原则，只有灵魂才是事物的本质；

（4）灵魂使分散的东西凝聚成一体，只有单纯的力才使可分的东西统一，只有灵魂才使肉体凝聚起来；

（5）只有灵魂才是个性的真正原则；

（6）只有通过保持住同样的灵魂，才能保持住这个个别的同一性；只有借助于灵魂或形式，我们才能在自然里拥有真正的统一，拥有与我们称之为自我的那种东西相一致的统一，这种统一既不可能存在于人造的机器中，也不可能存在于外界的物质团块之中；

（7）单纯即统一，单纯之物无处不在，没有单纯之物就没有复合之物。

莱布尼茨认为灵魂和意识是不一样的东西。下面对灵魂和意识、意志的差别通过表格呈现如下：

灵　魂	意　识	意　志
（1）活动的源泉（本源） （2）自己规定性的原则 （3）自发的或内发的动因 （4）意味着自身的完满性	（1）感知事物的方式 （2）人连接世界的思维桥梁 （3）作为人精神的某种形态	（1）有目的的灵魂行为 （2）行动的直接动因 （3）意味着行为的独立和自由 （4）意志以理性为前提

三者的相同点：同属于人的精神活动，都具有能动的推动力，是主导人行为的内因。

不同点：

（1）灵魂具有本源性，意识具有本能性，意志具有本愿性，三者程度和境界不同。

（2）灵魂具有自足的完整性，因此它为自己规定规则；意识服从于感知对象和环境的要求，不能为自己规定规则，而意志仅仅是目的性的动因，不具有自足性，因为没有永恒不变的目的，也就不存在自足的动因。

（3）从自由上考察，灵魂因是自足圆满的，因此是自由的；意识是能动和反映的产物，因此是不自由的；意志仅仅在抵达目的的行动选择上是自由的，离开了目的性，意志是受限的，是不自由的。

莱布尼茨这样规定单子的质和表象的定义：

（1）单子的变化在于单子有质，单子与单子的区别因为质不同。

（2）单子的质就是力的表现，就是行动、活动；它来自自身。

（3）这种对力的规定性就是表象，单子就是表象的力。

因此，莱布尼茨认为表象就是规定、决定，因而也就是质。一个人如果没有任何表象，也就没有任何质，于是就成为人格化的非存在。我之所以是特定的存在就在于我表象着某种东西。

3. 关于莱布尼茨的实体概念

关于实体的概念，斯宾诺莎的定义当时具有广泛的影响力。斯宾诺莎认为：实体是一种自身独立的、不必思考他物就能被理解的东西。斯宾诺莎这一定义倾向于把实体看作是实存的客观存在物。所以，人们据此称斯宾诺莎是唯物主义哲学家。但斯宾诺莎不是靠外在特征判断实体的存在，而是依靠本质的差异来判断实体的存在。万物皆有实体，有着各自的本质，这种本质的千差万别恰恰体现了上帝的圆满性。反过来，上帝的圆满性也表现为万物的本质属性。

莱布尼茨反对斯宾诺莎的这种认识，尽管他对斯宾诺莎崇敬有加，并只身前往荷兰拜访斯宾诺莎。但这并不妨碍他以自己的灵魂思考实体这一问题。他认为按照斯宾诺莎的观点，有些东西不一定是实体，却可以被理解为独立的。例如：活动力、生命、不可入性等就是如此，它们既是本质的，同时又是本源的；我们可以借助于抽象思维思考它们，而不依赖于其他事物，甚至不依赖于它们的主体。莱布尼茨认为，实体概念只有通过与力的概念，而且与活动力的概念联系起来才能加以阐明。活动是实体的特征，活动不外是力的作用。单子存在归结为运动；运动的本质归结为差别；差别就其空间形式而言，就是分离。运动就意味着离开某个位置。

为了便于更直观看到斯宾诺莎与莱布尼茨哲学的不同，现将他们的差异用表格的形式展示（见下页表）。

综上来看，斯宾诺莎哲学着重解决了事物存在的普遍性问题，而莱布尼茨则解决了事物存在的特殊性问题。

费尔巴哈对二人的总结评价可谓中肯，他说：“斯宾诺莎的哲学是把遥远得看不见的事物映入人们眼帘的望远镜；莱布尼茨的哲学是把细小得看不见的事物变成可以看得见的事物的显微镜。……斯宾诺莎的世界是神的消色差透镜，是介质，通过它我们除了统一实体的皎洁的天光之外什么也看不到；莱布尼茨的世界是多棱角的结晶体，是钻石，它由于自己的特殊本质而使实体的单纯的光变成无穷丰富的色彩，同时也使它暗淡不明。”（《对莱布尼茨哲学的叙述、分析和批判》）

斯宾诺莎哲学与莱布尼茨哲学之间的差异

概念及思想	斯宾诺莎的观点	莱布尼茨的观点
实体与单一性	(1)实体的本质属性是上帝(圆满性)。 (2)事物仅就本质而言，而不是就实存而言才可以被称为个别和单一，只有当事物被归结为一个普遍概念时，才能把数的范畴运用于事物。	(1)实体的本质仅仅在于自我活动力，这种力是与单一、个性紧密联系的。 (2)实体不是一个单一的(类的普遍性)实体，而是指无限众多的实体。 (3)事物之间的区别不是数的区别，而是运动带来的时间、空间上的差别。事物的存在即是差别的标志。 (4)不是借助时间、空间区别事物，而是借助事物区别时间、空间。 (5)个体化原则归结区别原则，与绝对的独特化原则相一致。
思想实质	(1)通过寻找本质寻找事物的统一性、同一性。 (2)把差异与统一相联系，从差异中发现同一性。 (3)通过同一性化解差异带来的认识分裂和对立、自否，使实体在统一性中达到圆满包容。 (4)把实体在本质基础上作为普遍意义的名词保留下来。 (5)实体是独一无二的，蕴意本质的独立性。	(1)从运动中产生的实体是从杂多物中分离出来的差异和区别。 (2)把统一仅仅看作某个自我区别的、因而有别于其统一的东西，看作仅仅在差异中显示自身的统一。 (3)把实体个体化，个体即本质。 (4)把实体作为专属名词保留下来，即单子。 (5)存在多少单子就有多少实体。

4. 关于莱布尼茨的《神正论》

在我阅读过的哲学家中没有谁比莱布尼茨的哲学更复杂、更细微的了，以至于我不得不用图表的方式来提炼归纳他的思想特点，以便化繁为简，能够让他的思想更加一目了然。《神正论》是莱布尼茨非常重要的一部著作，也是他哲学思想体系中占有很大分量的组成部分。甚至，不了解他的《神正论》就不知道他对欧洲哲学的突出贡献。黑格尔在谈到《神正论》时说，这本书“在读者中间最著名”。德国哲学家沃尔夫认为莱布尼茨 “这部书写得十分严肃认真”“在其中写下了他最好的思想”。正如这部书英译编者奥斯汀·法勒在谈到莱布尼茨的重要性时说：“莱布尼茨，无论是对于他的同代人，还是随后的一代人，都是以《神正论》作者的身份为人所知的。”

◎ 莱布尼茨为什么写《神正论》？

莱布尼茨写《神正论》的动因是因为法国近代怀疑主义思想家比埃尔·培尔（1647—1706）宣称并力图证明信仰和理性不相容，理性能够揭示宗教信条中存在的那些无法解决的矛盾，尤其是在理性看来，世界上的邪恶、罪孽和祸害是与智慧的、善良的和正直的上帝形象不相容的。特别是针对教皇的极端管制手段，培尔指出教会的两条腿就是“欺骗和强制”。他引用卢克莱修在伊壁鸠鲁时代写的一段诗来形容当时教会统治的黑暗：

> 当人类在大地上到处悲惨地呻吟，
> 人所共见地在宗教的重压底下，
> 而她则在天际昂然露出头来，
> 用她凶恶的脸孔怒视着人群的时候——
> 是一个希腊人首先敢于

抬起凡人的眼睛抗拒那个恐怖

……

——《物性论》

《神正论》的目的在于反驳培尔的论断，从而证明信仰和理性是谐调的，上帝与理性是一致的。莱布尼茨认为："上帝是事物的本源，因为作为我们的感觉和经验的对象的有限事物，总的来说是偶然的，其本身不包含任何必然存在的根据。" 莱布尼茨在前言中说："有两个著名的迷宫（Deuxlabyrinths famoux），常常使我们的理性误入歧途：其一关涉到自由与必然的大问题，这一迷宫首先出现在恶的产生和起源的问题中；其二在于连续性和看来是其要素的不可分的点的争论，这个问题牵涉到对无限性的思考。第一个问题几乎困惑着整个人类，第二个问题则只是让哲学家们费心。"（《神正论》，［德］莱布尼茨著，段德智译，商务印书馆，2016 年 8 月）至此我们发现，莱布尼茨在前面探讨单子、力、运动、实体等概念，就是为了解决"连续性""不可分的点""自由与必然"等这些困惑人类的大问题。

莱布尼茨绝顶聪明，他综合了此前哲学和神学的诸多观点，吸取了每一种观点中最好的观点组成了他的观点。比如，从神学那里拿来"上帝是造物主"这一观点，并把它解释为"上帝是事物的本源"，以此确立上帝存在的优先性和合法性。同时他一方面肯定万物在人的认识中具有偶然存在的事实，从而认为上帝是靠意志统治一切，另一方面又承认事物具有必然存在和不变的事实，从而认为上帝靠理性统治一切。并把这种不统一看作是世界存在多种可能性的结果。而偶然性和必然性都是被规定的。这恰是亚里士多德、笛卡尔、斯宾诺莎哲学常用的形而上学工具。他说:“理性真理(les vérités de la raison)又分为两种:其中一种可以称之为‘永恒真理’(les vérités éternelles)。这些真理是绝对必然的,从而其反面蕴涵有矛盾。这就是那些具有逻辑的、形而上学的或几何学的必然性的真理,对于这样一种真理,人们若否定它们便势必导致荒谬。然而,还有另外一种真理,我们可以称之为‘实证’(Positives)真理。因为它们是那些上帝运用的自己的权力赋予自然界的规律,或是因为它们是那些依赖于这些规律的东西。”(《神正论》)莱布尼茨想说明的是上帝按照谐和原则,即理性原则创造了世界。善的本源存在于上帝的理性之中,而恶的本源存在于由意志决定的具体实体中,由此廓清了培尔指出的上帝创造了善也创造了恶,即上帝是恶的本源这一认识边界。同时,上帝也规定了人有智慧地、适宜地选择真理的道法原则。他说:“正确的理性乃真理的联结,堕落理性则是与偏见和情感混杂在一起的。”(《神正论》)莱布尼茨通过规定上帝是“永恒真理的基质和主体”来推出上帝是理性的;通过把实体规定为“在一个存在着的主体中有其根据”的单子,而把主导实体存在的根据(动因或力)归结为意志,从而推导出由理性本质主导的选择虽然是不完美的,但会选择最美好的事物,这是由上帝善的本质决定的。莱布尼茨把形而上学问题扩展到心理学和神学的领域,从形式逻辑唯一的推演结果扩大到心理学和行为学选择的多元性和结果的可能性。这样阐释的目的是想说明善和恶的起源。善起源于理性,因为理性会让人做出最好的选择。而恶起源于意志,它是个别的,也是可以改变的。甚至,恶只是我们“感觉和经验的对象”,由感觉和经验做出的善恶判断是偶然的,所以不具有普遍本质特征。而依据上帝“真理的本质和基础”做出的判断才具有必然性,即“这种与同样无限的善结合到一起的智慧,不可能不选择最美好的事物”。在这里,莱布尼茨对神学中的上帝做了新的规定,把全能的尽善尽美的上帝规定为一种由理性和智慧决定的选择最美好世界的本质,这就驳斥了比埃尔·培尔认为的“上帝是善的本源也是恶的本源”的论点，也驳斥了司各脱以及追随者们认为“没有上帝，真理也存在”的论点。莱布尼茨说：“培尔在世界上只看见医院和监狱；可是，住宅比监狱多得多！欧里庇得说得对：人所获得的幸福胜过于灾祸。”

在莱布尼茨看来，利用这样的规定性就解决了困扰人类关于依照自然机械哲学看待必然性的认识问题。同时，他也把造物主上帝在人们心中的反映规定为创造物的观念。而这个观念的世界是由单子构成，其存在状态受“力”即精神的作用具有多样性。善恶之别一方面存在于上帝理性的本质中，另一方面他也会背离上帝的理性意志，而显示出单子在观念世界里的差别性。他说：“必须到创造物的观念本性中去寻找世界上这种罪恶的原因，只要这种本性是通过不以上帝意志为转移地包含在上帝的理性之中的那种永恒真理来理解的。因为，在创造物这个概念中早已原始地包含着不完善性，因此创造物本来就是可能犯错误的和不完善的。”（引注同上）

◎ 重新定义上帝

莱布尼茨从观念创造物解决信仰和理性一致性问题是受柏拉图的启发。何谓必然性？必然性即事物与事物之间运动变化的规则和规律，而理性的特质就在于对规则和规律的辨析。这是思辨哲学普遍的思维模式。莱布尼茨以柏拉图在《蒂迈欧篇》中“这个世界根源于同必然性相关联的理智之中”这一观点为依据，认为理性即谐和的规则和规律决定了世界的必然存在，理性是本质，而必然性是本质的对象表现。并因此推定“上帝就是这个理智；而必然性，即事物的本质特性，即是理智的对象，这是就这个对象在于永恒真理而言的。但这对象内在于上帝的理智之中，并且寓于上帝的理智之中。我们在这里找到的不仅有善的原始形式,而且还有恶的根源:当我们寻找万物本源时,我们必须用永恒真理的领域取代物质”。(《神正论》)这样莱布尼茨就把神学中的那个万能的上帝,即神性(先在性、不可思议性、奇迹)重新定义为一个带有使万物谐和的理性的存在。这和笛卡尔把上帝归为运动的第一因、斯宾诺莎把上帝定义为万物的本质属性有着一脉相承的认识路径。但莱布尼茨做这种区分重点探讨的不是上帝问题,而是观念创造物中的精神问题。观念创造物是莱布尼茨提出的新概念,今天我们仍然沿用这样的概念。人不能按照上帝的理性做事是因为人依靠观念判断事物。而这种观念纯粹是精神的,它既包含了上帝理性,也包含了个人意志。因此莱布尼茨认为善恶的本源就包含在观念创造之中。

事实上,莱布尼茨正是按照佛法所说的每个人佛性具足,即心即佛,因为缺乏智慧才有分别执取,善恶之争的原理来思考上帝与人之间关系问题的。比埃尔·培尔认为关于世界先在谐和的假设与理性决定必然性的假设是空想,培尔看到的是一个不断撒谎、欺骗和屡屡违背诺言、撕毁契约的教皇皮乌四世可恶的行为。培尔依靠逻辑推理,符合上帝理性的应该也是符合善的,但作为上帝代言人的教皇却做出如此违背上帝理性的事,这要么说明对上帝完美的设想是错误的,要么说明上帝没有办法利用理性决定一个人行为的对错。这样的推论都会导致对上帝的否定。莱布尼茨并不想否定上帝的存在,因此,他认为上帝的理性中固然包含着恶的起源,但上帝本身并没有作恶,作恶的人不是依据上帝的理性,而是依据个人的意志。正像斯宾诺莎所说“光在呈现自身时也呈现黑暗”一样,上帝是一个决定必然性的规则,而不是走向必然性的行为。莱布尼茨说:“虽然实际上存在有两条原则,但它们两者却都存在于上帝身上,这就是他的理智和他的意志。理智提供了恶的原则,但理智却未受其玷污，从而不会成为恶。上帝的理智展现其存在于永恒真理中的种种本性，其中也内蕴有允许恶存在的理由，但上帝的意志却只趋向于善。”（《神正论》）说白了，上帝是作为规则存在的，如同佛法说的法性不生不灭、不垢不净、不增不减，人作善作恶完全是个人行为，不能把个人行为看作是法的错。他说：“人自己即是其恶的源泉。正如他之像现在这样存在，他早已存在于上帝观念之中。上帝由于受到智慧的本质理由所推动，决定了人应当像他现在这样进入存在。”看到这一步是西方哲学的进步，因为，神与人的等同性就是基于这样的认识被确定的。上帝即人，这是欧洲思想解放的里程碑。后来科学技术的突飞猛进都是人们看到了自己身上所具有的创造力使然。世界的可能性是从打破一切由上帝主宰这一神圣戒条开始的。

莱布尼茨并没有否定神学的存在，他把神学和哲学做了区分。在神学里，因为受意志支配，他加入了经验的成分，并把这种不受理性支配的行为，即不能抵达必然性的行为称为实践。同样，他在哲学里加入了神学，但不是加入了无条件的上帝，而是加入了类似于上帝的意志的理性，并把这种理性表述为纯粹精神。区分出神学与哲学研究领域和对象的差异，以此廓清上帝和人的差异。莱布尼茨认为神学把上帝与人的关系变成他的自在的存在，变成一条最后的、绝对的和不可逾越的界限。人本身表现为有个性的存在物，尽管他由于对上帝的恭顺和忏悔几乎使自己化为乌有。当神学排除异己时也排除了个性，而对于没有个性的思维活动来说，上帝必然不是被规定的有个性的存在物，而是被规定为无限的对象，即一种先在的存在物。

莱布尼茨在这里打破经院哲学将哲学与神学努力从教旨上寻求

神学和哲学研究的方式方法中，认为哲学任何时候都不可能，也不应该与神学和解。不论神学是以理论的形态出现，还是以形而上学的形态出现。

和解的做法，而突出神学与哲学在规定性上的差别。首先从认识上承认神学也是一种形而上的规定。他认为哲学和神学真正的和解绝不在于证明思想、理性真理是教义观念的基础。因为教义不外是一种盖有形而上学印章的实践的规定性。莱布尼茨从神学和哲学研究的方式方法中，认为哲学任何时候都不可能，也不应该与神学和解。不论神学是以理论的形态出现，还是以形而上学的形态出现。因为只有存在差别，彼此才能以关系的形式相互联系和作用。一般来说，哲学与神学之间只能有一种起源关系，而绝不可能有组合的关系。哲学的作用仅仅在于从起源上阐明那种构成神学基础的观点，即宗教的观点，从而证明这种观点是实在的、本质的。这就是说，从上帝赖以成为理智的对象的那些规定性中，引出一些包含有实践观点的原则的规定性，善的观念就是上帝赖以从理智的对象变为感觉和感情的对象的那种规定性。因为善不外就是作为感觉和感情的对象的真。而对恶的规定性也有很多种，“形而上学的恶就是纯粹的不完善性或局限性，物质的恶就是痛苦，道德的恶就是罪孽。物质和道德的恶虽然不是必然的，然而毕竟是可能的，而且是由于永恒真理的缘故”。真理的无限领域自身包含着一切可能性，这种可能性决定了也必然存在可能的世界。就算最美好的世界也可能包含恶，“可是，这样的恶本身对善是有裨益的（辩证法）；恶之所以是恶，仅仅是就一个被限制的局部而言，而不是就宇宙而言，不是就事物的广泛联系而言”。莱布尼茨指出恶的存在对善的反向激发和强化作用，并从影响的局限性指出它与整体秩序理性的关系，认为“在局部中表现为混乱的东西，在整体中却是井然有序的”。这样的认识让我们想到辩证法中坏事也可能是好事，也让我们想到佛法中所说的没有苦厄也就没有佛法等观点。

◎ 关于对人自由的规定

亚里士多德早已认为“活动要成为自由的，那他就不仅是自愿的、独立的，而且也应是经过深思熟虑的”，因此，自由的实体是通过它自身被规定的，可是起推动作用的本源则是通过理性而形成的善的观念。 而在神学里，人被取消了自我选择的可能性，因此也就失去了自由，人的自由一定是主赐予的。莱布尼茨为了脱离开神学而从哲学的角度看待人的自由，从而解决信仰与理性的一致性问题，就必须首先证明作为理性的上帝本身不是依靠权力意志做出行为选择，而是依靠理性做出行为选择。并由上帝的选择性推出上帝是自由的，再延伸到人在依据理性做出选择时人也是自由的，并且，这种自由首先表现为对善与恶行为选择的自由，而不关乎行为的目的和结果。

莱布尼茨说:“一切理性创造物的幸福都是上帝所注意的目的;可是,这不是上帝的全部目的,甚至也不是他的最终目的。”针对培尔提出“倘若没有这种自由意志的可靠平移,他便宁可从他们身上收回这种能力,而不允许这种能力成为他们不幸的原因”,并断言“理性受造物的幸福乃上帝的唯一目的”这一论断,莱布尼茨指出:“倘若事情果真如此,无论是罪还是不幸也就都不会发生了,哪怕是作为伴生现象也不会发生。这样一来,上帝所选择的便只是一系列排除掉所有这些恶事的可能事物。”(《神正论》)莱布尼茨从上帝选择的可能性上推导出上帝理性首先要体现在符合他自身存在本质这一点上,而不是基于个别的好恶或局部目的性做出选择。上帝的自由就体现在他的选择忠实于自己的本质。本来在神学里上帝是万物之父,他的爱像光一样无条件地遍及一切,但这样就没有办法解释上帝能容忍教皇作恶。所以莱布尼茨在哲学上把全能的、怀着普遍慈爱的上帝规定为一个有着自己选择规则的存在,自由体现在符合规则行事,而不是为所欲为。这样就把作恶的教皇排除在上帝意志之外,他只是符合上帝无所不包这一本质。

同样，人在面对世界多种可能性时也存在着选择的自由性，这个自由性应该符合他给予自己最高目的这一原则。莱布尼茨说：“我们在世界上发现一些不合我们心意的东西；可是，我们应当明白，这些东西并非仅仅为了我们而存在着！如果我们是有智慧的，世界就是为我们而被创造出来的；如果我们适应于世界，那么世界也就适应于我们；如果我们希望成为幸福的，那我们在世界上就是幸福的。”（《神正论》，转引自《对莱布尼茨哲学的叙述、分析和批判》）莱布尼茨在这里已经把人的理性与选择可能性等同于上帝的理性与选择的可能性。在观念的世界里已经把一切由上帝主宰悄悄地变为一切取决于人自己的主宰。这里强调了两点，一点是上帝对一切的包容本质，这是上帝自由的体现，但包容恶不等于上帝纵容恶，上帝会选择最好的世界，这符合上帝爱的目的。这一点对应于人也要看到这个世界存在的多样性，也要容忍恶的存在，而不要用局部的恶否定全部的谐和。另一点是上帝通过至高的理性使其达到选择行为既符合自由原则，也符合最美好目的原则。人也要基于理性规定选择的自由原则并符合对幸福的最大化实现原则。

所以，莱布尼茨规定了人的自由必须具备的前提条件：第一，要在理性中实现；第二，要了解自己的本质和上帝的本质是相同的，这样人的行为就体现为上帝的行为；第三，作为行动的目的性，人要有最高的目标，并通过谐和各种关系使这一目标最大化实现。为此，人在自由的选择中绝不会是一个简单的过程，人需要有美德、智慧和宽容心等，人要有能力将上帝的诸多品质引向自身，“而所有这一切吸引和倾向的结果，就是产生出最大量的可能的善”。我们不能把我们的不如意都归因到上帝身上，因为“虽然上帝不会不选择最美好的东西，可是他毕竟不是被迫做这样的选择，在上帝所选择的对象中没有任何必然性；因为，另外一系列事物也是同样可能的。正是由于这个缘故，选择是自由的，并不依赖于必然性，因为选择实现于许多种可能性之间，意志仅仅被对象中占优势地位的善所规定”“正因为上帝不会不选择最美好的东西，所以他在自己的行动中总是被规定的。存在物愈加完善，它在趋向善方面愈加被规定（déterminé au bien），同时它也愈加自由”。（引注同上）

精神对它自身来说是天赋的，也就是说是本质的，为它自身所固有；这种固有性就是它的本质的、观念的源泉。

在自由和必然性认识上，莱布尼茨也有自己的规定原则，他从事物发展变化的因果关系出发，看到了思维与存在之间的能动力量。这种力量的大小、积极与消极、同一或逆反都对抵达目的的程度起到决定作用。他说的自由是指人符合理性的选择，他说的必然性是指这种选择对行为的指导以及对最初目的的实现和抵达是一致的。他说，尽管“从这种道德的或假设的必然性中，产生出对恶的容许”“可是，不应当把由于道德的必然性，即由于善和智慧的原则所产生的必然结果，和由于形而上学的、盲目的必然性所产生的必然结果混为一谈，后一种必然性存在于对立面中包含着矛盾的情况下”。（引注同上）莱布尼茨认为矛盾中的双方是相互制约和抵触的，所以，矛盾中的自由是和必然性对立的，而不是一致的。莱布尼茨发现“自由不仅可以脱离强制，而且可以脱离必然性本身，尽管自由始终是与坚定不移的信念、明确的意向相伴出现的”“只有形而上学的必然性是与自由对立的”。（引注同上）

◎ 理解《神正论》要从人理解精神开始

《神正论》的核心思想就是阐明“上帝即人”。莱布尼茨的伟大思想在于精神对它自身来说是天赋的，也就是说是本质的，为它自身所固有；这种固有性就是它的本质的、观念的源泉。这是精神的自我直观的最高原则，是精神深入自身之中的最高原则，是它的独立性和自由性的最高原则。

在莱布尼茨看来，精神是自我性的原则。在这一点上，他和斯宾诺莎恰恰相反。精神是它自身的对象；精神是它自身的观念，就是对它自身的意识，这个观念与它自身是同一的，精神就是它自身，就是精神，只不过通过观念表现出来；精神的主动性和独立性的原则，它的固有性和它的观念的原则，就植根这种自我意识之中。

正如莱布尼茨在灵物学表达的观点一样，他认为：“与神的本质一样，灵魂是一个统一体，它包含有三重的差别，因为：在它思考着自身或反省自身时，它是思考者，然后又是被思考者，最后既是思考者，又是被思考者。”（《对莱布尼茨哲学的叙述、分析和批判》）当灵魂上升到意识自身时，它就上升到理性，反过来说也是如此；在这个阶段上，它已不再是灵魂，而是精神了。理性使人与动物单子区别开来。

观念的创造物就是精神为满足自身需要所开展的思维运动。观念的创造物来自精神的主动性推动，它发生在真理之前。真理在自然界中的存在若不是被我们所认识就不能称其为真理。真理是人出于对自身最高目的的实现规定的最高理性原则。客观真理若不与人精神相结合就是一个无益的存在。所以，莱布尼茨认为："真理的性质取决于观念的性质。"今天，这一认识已经被我们普遍表述为"定位决定地位，思路决定出路"。这一发现要归功于莱布尼茨。

莱布尼茨借助当时解剖学、神经学等研究成果，在神学和古希腊柏拉图理想国的基础上，从人出发进一步扩大了灵魂的范围，也与最初的单子灵魂有所不同，单子灵魂是他构建事物认识关系说的一个给定的概念，而《神正论》中的灵魂则是一个人主动支配存在的精神。这个灵魂包含自我意识、思维和理性的单子，这个带有系统论表征的灵魂就是精神。这一认识显然与把灵魂理解为自然规则的笛卡尔有所不同。莱布尼茨把某种与意志和意识不同的东西纳入灵魂概念之中，而笛卡尔却把这种东西作为物质置于灵魂之外。但莱布尼茨赞同笛卡尔的观点，认为"精神的本能"比物体的本能"更加为人们所知晓"（《对比尔林的第五封信的回信》），"精神的存在"比物体的存在"更加确实可信，因为灵魂和它自身最为接近，是它自身所固有的"（《对莱布尼茨哲学的叙述、分析和批判》），"精神是它的规定性的源泉"。

莱布尼茨反对洛克的感觉说并不是否定感官观察对认识的作用性，而是就本质认识而言，感觉只能认识表象，是肤浅的哲学。有人因此认为莱布尼茨是片面强调精神的作用而忽视感觉经验的作用，这种认识是对莱布尼茨的误解。莱布尼茨的哲学有着严谨的理性逻辑关系，从着眼点上，他反对洛克仅仅基于经验的观点理解人与人的区别，并把这种区别看作是一种形式的、感性的划分，认为应该从一种更高的意义，从哲学的、形而上学的意义上来理解灵魂以及精神问题。所以，莱布尼茨关注的不是个体的简单痛苦与快乐、努力与财富问题，而是精神的本质问题。费尔巴哈对莱布尼茨的判断逻辑做了描述，他说：“因为，天赋之物和非天赋之物之区别，应当被归结为本质之物和非本质之物、内在之物和外在之物、固有之物和偶有之物之间的区别。莱布尼茨就是从这种意义上理解这个问题的。如果成为精神对于精神来说是本质的，那么进行思维对于精神来说也是本质的；而如果进行思维对于精神来说是本质的，那就也有一些与它的本质相联系的观念；因此，这种本质的、与精神的存在相同一的概念或观念，也如精神的本质一样，不可能从感觉中产生出来，也不可能从感性对象中抽引出来，或者说，也如精神不可能从感性对象中引出它的本质，即它自身。”（《对莱布尼茨哲学的叙述、分析和批判》）

我们了解了精神的这些规则就会在自身遵从这些规则，聪明与愚蠢也就有了区别的尺度。莱布尼茨说：“虽然心灵受到这许多觉察不出的表象、欲望和意向的制约，可是，只要心灵知道如何适当地运用自己的理性，人就依然能够自己支配自己。”“我们不像某些才智之士那样声称，我们仅仅在表面上、仅仅在生活所需要的程度上是自由的；我们宁愿认为，我们仅仅在表面上是受制约的，至于就其他一切存在物的影响而言，如果按形而上学的严密性来判断，我们却享有完全的独立性。这一点也就决定了我们的灵魂是不死的，我们的个性始终是同一的，在灵魂自己的本性之中就包含有它的活动的法则和规律，使它免受其他一切异己之物的影响，尽管相反的假设也可能具有许多虚假的论据。因为，每个精神都仿佛是一个独立的、自足的、不依赖于其他任何存在物的世界，它包含着无限之物，反映着宇宙，因而像宇宙自身那样稳定、那样持久、那样绝对……的确，精神不仅是宇宙的镜子，而且也是神灵的镜子，仿佛是一个小神灵；精神甚至能够创造出——纵然是小规模地——与神灵相似之物。……即使不谈这些梦幻的奇迹，我们的精神在其自觉自愿的活动中也是一个富有创造才能的艺术家，当它发现了上帝依据以安排和整顿事物的那些学识（如重量、质量和数目）的时候，它就在自己的领域内模仿地做出上帝在宇宙的范围内所做出的事物。”（《对莱布尼茨哲学的叙述、分析和批判》）

5. 对费尔巴哈批判莱布尼茨是唯心主义的辩驳

费尔巴哈批判莱布尼茨是唯心主义，其主要论点如下：

（1）心灵不是一种特殊的、有限的实体，而是一个统一的、独一无二的实体。

费尔巴哈所说的实体和莱布尼茨说的统一体不是一个概念，费尔巴哈强调的是客观性特征，而莱布尼茨强调的是认识反映的整体性，前者把实体看作表象，而后者把统一体看作系统性，可见费尔巴哈的这种划分也是唯心的。

（2）心灵就是全部真理、本质和现实：因为，只有活动的存在才是现实的、真实的存在；而一切活动都是心灵的活动，活动概念不外是心灵的概念，反过来说也是如此。

费尔巴哈的这一概括简直就是断章取义，莱布尼茨强调对真理的认识来自理性，而心灵活动的最高表现就是理性，心灵也包含感觉、情感，但这些并不能抵达对真理的判断，因为理性在心灵中创造了对真理的描述概念，即便必然真理存在于客观之中，但对真理的认识与描述也来自人的自身，这种反省的思考即是思维活动的结果。这和费尔巴哈说的完全是两回事。

（3）物质不外是对活动的抑遏和限制：单子是被限制的活动，因为单子是与物质联系在一起的。

费尔巴哈忽略了莱布尼茨对笛卡尔二元论和对洛克经验论的批判这一前提，莱布尼茨不是就一般性存在谈论物质，而是就必然性真理和普遍性真理来谈论物质，若不是为了认识必然真理，又何必让单子（独立存在）与物质相联系呢？真理存在于活动之中，所以才将单子纳入事物的活动来考察。而费尔巴哈割裂了莱布尼茨的逻辑和前提，将结果说成了原因。

（4）物质只不过是心灵的众多性的表现，它仅仅说明，不是只有一个唯一的心灵，不是只有一个实体，而是有无限数量的心灵，因为物质是有限的单子和无限单子的区别，它作为这种区别而成为众多性的泉源。

在莱布尼茨那里不是物质是心灵的众多性的表现，而是关于物质的概念是心灵众多性的表现。前者指的是客观物体，后者指的是认识对象，而单子的有限和无限，指的是对事物认识的程度，只有上帝认识的单子才是无限的，而人认识的单子都是有限的，这实际上指出了对真理的抵达永远不会穷尽，因为我们永远处于接近于上帝的路上。

（5）在莱布尼茨看来，真实的现实之物不是感性的物质，不是作为感觉对象的物质，而是仅仅作为思维对象的物质：它否定精神，可是它同时又肯定精神活动、思维活动的真实性和实在性。因为它把思维的对象看作真实的对象。

莱布尼茨强调的是真实的现实之物是来自理性的真理，这是认识存在物，而不是自然存在物，而认识存在物一定是思维的对象，而不是感觉的对象，同时，莱布尼茨并未否定精神，而恰恰强调精神的最高形态就是理性，费尔巴哈的观点和莱布尼茨的本意相去甚远。

费尔巴哈把莱布尼茨唯心主义归纳为两大特征

◎ 第一，诗意的观点或人本学的观点。

持这种观点，人就不把自己和事物区别开，他到处看见的都是他自身，到处都看见生命，而且是他自己那样个人的、人的生命，他到处都看见感觉。感觉是最伟大的、最激昂的、最冷酷无情的唯心主义者。对它来说，自然界是一种在其中它只听见自己声音的回声。感觉由于自己的幸福过于丰富而溢出自身之外，它是那样一种爱，这种爱由于确信自己是绝对的实在，因而对任何事物都毫无保留，它委身于任何事物，它认为只有那种被它看作是有感觉的东西才是存在着的。

费尔巴哈的这段话总结概括作为对诗意的思维来说是准确的，但问题是这有什么不对吗？自古至今，人类不正是凭借这诗意的思维使刻板僵化的生活变得丰富多彩吗？我们不正是基于对诗意的需要，才有了诗意的思维吗？不正是依靠诗意的思维（唯心）才创造了无数不朽的诗篇吗？事实上，诗意的思维并不像费尔巴哈想象的那样，仅仅把自然当成倾听自己的回声，他忽略了诗人也借助诗歌认识并揭示自然与生活的奥秘。

◎ 第二，主观——逻辑的观点，是批判和反省的观点。

按照这种观点，人与事物是有区别的，这一区别就在于思维，这种思维是人的本质，不仅是人的本质，而且是一般的本质，因而被看作是真理和实在的，已经不再是感觉，而是思维了。因此，按照这种观点，自然界仅仅被看作是精神的异在，恰恰由于这个缘故，自然界仅仅被看作是僵死的物质。按照这种观点，自然界虽然被说成是独立的存在（在过程终结时），可是就其本质而言，只不过是某种消极的，没有本质的东西：因为只有那种具有自我意识的、把自己与自然界区别开来、并且恰恰把这种区别看作自己存在的确定性和无可置疑性，即本质性的精神，才被看作是真理与生命。

第一种观点：人否认外部世界是由于他在其中仅仅找到他自己；第二种观点：人否认外部世界是由于他没有在其中找到他自己。

费尔巴哈对莱布尼茨唯心主义的批判与其说指出了莱布尼茨哲学的局限性，不如说恰好说到了莱布尼茨哲学的长处。莱布尼茨哲学的贡献就在于在认识世界的过程中提出了人要首先认识自己的问题。这在笛卡尔之前的任何哲学中都并不多见。人和物质世界之间的关系并不是简单的依存关系，是存在的多元性和可能性决定了人和人之间的区别，智慧或愚昧无非表现在人处理与世界关系时其自为和自足性高下之别。莱布尼茨并不是基于否定外部世界来思考人对最美好目的的选择与实现，而是从谐和的前提来思考这一目的的实现。他的哲学强调的是在改造外部世界之前首先要改造内部世界。今天，我们强调创新首先要观念创新，这就是莱布尼茨留给我们的智慧遗产。

图像具有本质吗？如果它有，那么图像可以作为图像而存在，如果它没有，图像就只能作为语言而存在。图像揭示的并不是事物本身，而是关于事物存在形态以及本质问题的对话。

图像时代的思想、对话与批判

一

回顾图像的历史，图像是最原始的语言。文字产生于图像。图像也是原始的思想形态，包含着观察、记录、归纳和定义的思想过程。用现代计算机技术术语来描述，图像就是人和世界对话的界面。从古希腊最早的日晷，到中国的结绳记事和《易经》中的八卦图，图像和人类认识自然以及认识自身密切相关。柏拉图在他的洞穴理论中揭示了人和图像之间的认识关系。第一，人对图像的认识是不真的，这源自图像本身不代表真，而人受制于自身的局限性，看不到图像背后的东西（木偶）。第二，人们因为对光的需要才产生出对图像的关注，人们关注图像时总是受他对另一种东西需要的驱使。所以，图像纳入思考和关注不是孤立存在的。它唤起的是关于图像背后某种东西的思考和对话。这时的图像是问题的表达，就像掉在地上的苹果或水中折断的筷子一样，图像也是推动思考和讨论的始因。第三，人对世界的观察是从视觉开始的，视觉看到的世界都可以看作是个图像的世界。但视觉只能对具有可成像的有形事物做出反应，而对黑暗中或深层的不可见的事物却看不到。这便是图像作为认识所具有的局限性。因此，人们面对图像时，为了看清图像背后的东西，不满足于对图像本身的判断（视觉），也开启了对图像规律、本质等内在问题的探讨。

二

图像具有本质吗？如果它有，那么图像可以作为图像而存在，如果它没有，图像就只能作为语言而存在。图像揭示的并不是事物本身，而是关于事物存在形态以及本质问题的对话。这意味着，图像总是相对观察者而存在的，即一种由眼睛、图像、图像背后的世界构成的对话关系，我们从图像中获得的绝不会仅仅是图像本身的东西，比如一幅风景照片，它唤起的是人对这个风景的审美感知、地理记忆和认识经验，甚至关于风景的诗词名句等。所以，图像作为对话的始因或问题激发出的对话可能性是不确定的。

图像具有记忆或强化记忆的功能。当某个图像在表达上形成固定观念的时候，我们尽管没有实际经历或亲眼看到，但我们也能凭借对图像的记忆一眼就认出它。比如长城、金字塔等。因为图像具有时代性，所以图像也具有考古功能。但对图像检索关乎的不是记忆问题，而是档案学或索引学问题，即我们为图像规定了怎样的检索代码，这是图像对话的另一个领域，就是我们怎样能最快地将我们想要的历史图像拿到手。这里离不开对历史图像的归类和排序，比如按年代、按类型排序等。我们要找到康定斯基的画，可以搜索康定斯基，或者搜索现代抽象画。就是说，我们要检索图像必须借助其他公认的可编码信息。这些信息构成了人和图像检索时的对话。

三

今天我们讨论技术时代的图像实际上讨论的是一种新的对话关系或对话可能性。相对于传统的图像对话，比如古希腊的几何学、物理学等，图像提供了必不可少的思想和理论支撑，对于认识自然和真理开辟了显明的、持久的认识道路。随着技术的发展，我们的眼界被大大拓宽，比如天文望远镜和显微镜的发明，让我们的视野深入到遥远的宇宙以及事物内部的肌理。技术的进步某种程度上意味着我们对世界的观看领域和方式还没有被穷尽。也就是说世界究竟是什么样子还是个未知数。今天我们把数字时代表述为“虚拟时代”，但从佛法上看，佛陀早就说了这个世界的本质是空。所以，我们面对今天的图像、装置、技术等问题，如果不从根本上改变我们对世界的定义，或者改变我们已有的观念，是很难看到合理性的。比如数字技术将颠覆我们对物质的定义。传统认为物质一定是具有材质、重量和空间形状的东西，但数据下的物质就没有材质和重量，不过它依然占有空间——存储器或数据库。

四

这是一个图像主导交流的时代，刷屏或扫图是手机界面浏览的主要样态。相对手机界面的图像对话，电影和电视的对话时代正在过时，即一种趣味性、批判性对话被消遣性、娱乐性对话所取代。从抖音和快手等平台来看，生活的碎片化正通过图像的碎片化获得合法性表达。图像语言的重复和世俗化倾向导致人们在对话中不思考。尽管人们有选择图像对话的权利，但仅仅是在平台规定下的选择，比如抖音上对录制内容、配音、配乐、配置笑声、片子的长短等都做了格式化约定。人与机器或平台的对话不是平等的，在这一点上，技术具有的并不是民主性，而是垄断性。对话者不能对机器

人对图像技术的依赖不代表人自身智慧和觉悟的独立进步，而是人（图像使用者）陷入了图像技术设计的圈套里，不由自主地成了图像技术开发商的同谋。

或数据库图像发起抗辩式的对话，人在对话期间完成的不过是选择题：是或否！这样的对话不能构成批判，也不能在系统内制造对抗、争执和讨论。这导致人们习惯了服从且是无意识地服从，意味着人们对接受来自手机或机器的指令是不加怀疑的，视其为自然而然的事。这使得人逐步丧失思想的能力和批判的能力。

历史地看，我们的文化生态总体上也是缺乏批判的。构成批判的要素至少有四点，即问题、质疑、思想和观点。没有批判意味着发现不了问题，发现不了问题的原因要么是不加怀疑，要么是不思考。当然这二者也可能是一个问题。思想的浅薄和匮乏是很危险的，盲目崇拜或极端暴力都来自盲从和冲动（狂欢），思想的缺失表现为信息不能形成对话回流。就图像时代的思辨问题，本雅明最早在《机械复制时代的艺术》中就有过论述。他曾就戏剧和电影的差别谈到过电影将一种现场的演员演出印证取消了。他还是强调演员和观众的面对面对话。在哲学上，古希腊的哲学思想起源于对话。对话不仅发生在你我之间，也发生在他者之间。法国诗人兰波明确提出“做一个他者”。萨特也在他的思想中引入了他者之思。所有这些都是为了突出思想的对话性，因为没有思想就没有对话和批判，而没有批判的思想最后成为圣言或强制指令。本雅明把这种强制指令（观念）称为“法西斯纲领”。任何指令一旦形成单向传输和接受，那是十分可怕的。图像语言正通过装置、数据库、计算机云计算、图形编辑软件等将指令机械化。齐格蒙·鲍曼在《现代性与大屠杀》中分析纳粹屠杀者冷酷无情的原因时就指出了机械指令带来的恐怖恶果。表面上看，先进的图像技术可以满足我们对构型的各种需要，甚至对三维以上空间设计的需要，但它拒绝我们的质疑，拒绝我们在它规定的条件语句之外与它对话。我们要与它讨论问题，必须以“黑客”的身份潜入它的后台，这时，它为维护自己的安全已经设置了层层屏障，物理的和逻辑的屏障。作为原初资源或基础环境的提供者，任何图像技术都设置了自己的对话壁垒。它拒绝在原理或核心技术上与人共享，相反，这一具有思想特质的根本问题一直处于严密的遮蔽状态，是拒绝对话的，它把使用权向每一个用户开放，而在使用权中，图像的对话语言已经将逻辑或条件语句，改成命令语句。

五

我们讨论图像时代人的生存问题无非是在使用权上讨论人和图像之间的关系问题。这一关系并不诞生于人必然的需要，而是诞生于图像技术自身发展设计出的需要。也就是说人对图像技术的依赖不代表人自身智慧和觉悟的独立进步，而是人（图像使用者）陷入了图像技术设计的圈套里，不由自主地成了图像技术开发商的同谋。这里，我们终于发现隐藏在图像技术背后的推手，资本或权力。图像时代的本质不是图像，图像只是资本或权力现身的现象。图像时代的本质是资本或权力以更低廉的成本实现俘获更多客户，达到垄断市场的目的。

六

杜尚针对机械复制时代对人主体的漠视和侵吞，表达的抗议就是放弃创造。他用复制来对抗一个复制的时代。杜尚的态度体现的是一种批判的抗辩，是对一个号称“伟大的时代”的最深刻的讥讽和嘲弄。但见鬼的是，杜尚之后，很多艺术家把装置仅仅当作某种形式来推崇，在装置中丧失了对现实的批判性，这些人成了装置或技术的消费者（列夫·马诺维奇号称数据库开发了人的想象力，人把计算机界面肉身化等），成了技术开发商的同谋。艺术面对现实没有建立起反思现实的对话关系，没有建立起质疑和批判的语境，使得图像技术语言成为一种新的时尚。就此而言，本雅明在《机械复制时代的艺术》中始终都是用批判的眼光看待技术的合理性的。他在第十二节里主要讨论了艺术作品的机械复制改变了大众与艺术的关系，并着重指出以下几种改变：第一，大众与艺术的关系由保守（毕加索）变向进步关系（卓别林）；第二，进步的标志在于突出了观照和体验的快感与行家鉴赏取得了统一的关联，这个关联就是一种重要的社会标志；第三，艺术的社会意义越是多地被减少（游戏或唯美），观众的批判和享受态度也就越是多地被瓦解（相对绘画，电影携带了更多的社会性信息）；第四，习俗的东西就是不带批判性地被人享受的东西，而对真正创新的东西，人们则往往带有反感地加以批判；第五，绘画危机绝不是孤立地由照相、摄影引起的，认识相对独立于照相、摄影，由艺术品对大众化的需求引起；第六，电影的欣赏带动了观众的趣味，并对欣赏群体形成了组织召唤作用。本雅明看到了一个不可逆转的事实就是“电影的革命功能之一，使照相的艺术价值和科学价值合为一体”。

七

自本雅明开始为技术的合法性辩护以来，技术与艺术的结合有了更强大的理论支撑，正如列夫·马诺维奇在《新媒体的语言》中努力在理论上为技术与艺术的结合所做的探索一样，海德格尔、梅洛·庞蒂等哲学家很早都在寻求技术参与更多的艺术创造的合理解释。越是这样，我们越是要对图像语言的合法性予以质疑。问题是，今天，我们应该如何质疑图像语言的合法性？如何通过哲学和思想建立对图像装置和技术的对话和批判？我们如何评估图像技术对我们思维和习惯影响的深度和危害性？所以，我认为我们要对图像技术语言保持警觉，对其存在的问题保持高度的敏感，而不是陷入图像装置提供的使用的便捷之中，形成对其功能或方法的依赖。我们要通过质疑和批判，对图像装置语言形成内在的扰动和冲击（有时，这种抵抗的力量不是释放给技术本身的，而是释放给资本的拥有者，即开发商的）。

西方思想认为事物进步的根本动力来自内部冲突形成的推动力，

而中国思想认为这种推动力是和合思想或者是不加怀疑的尊奉，所以，在中国人思想中存在根深蒂固的顺从和膜拜习惯。在今天这样一个千变万化的时代，没有什么是持久的，我们也不可能固守一种思想和观念不放。我们一方面在技术的垄断中没有多少选择性，另一方面，我们又要在潮流的裹挟中保持觉醒。质疑和批判几乎是我们能叫醒自己必不可少的闹铃。在这里我想提醒一下，以往我们认为技术是抹杀思想的，但是大家要认识到技术诞生于思想。斯蒂格勒在《技术与时间》中，通过爱比米修斯神话说明人类先天存在缺陷，技术是人类弥补缺陷而获得的性能。而思想就是对“缺陷存在”的觉知。按照斯蒂格勒的理论，技术不单纯指某种方法和手段，乃至成果，也包括人的生命记忆和“身外之物”，当然也包括人思想的智慧和能力。历史地看，人对工具的发明和使用是本能的。

八

对于图像语言最好的矫正就是书写。人类发明了书写，胡塞尔在死前意识到了书写的重要性，尽管书写某种程度上看也是一种技艺（斯蒂格勒语），但是代表了人类自己的理解。工具延长或增加了人体的构造和功能，使得人可以做得更快更好。但技术发展到一定程度对人类也有反噬作用。斯蒂格勒在接受《解放日报》记者采访时回答：“大数据是完全自动化的数据分析，它产生自动化的、高速的理解系统，但这是基于机器的理解，而非人类的理性。如果要让大数据起到积极的作用，那应该是给人类留出更多的时间去思考人类与技术如何更好地共存，也就是起减速的作用，而不是相反，去催促人类快速做决定。如果那样，那人类是没有未来的。”（《技术是解药，也是毒药——对话法国哲学家贝尔纳·斯蒂格勒》）

面对图像装置，我们把它理解为“第二自然或第二事实”都容易让我们放弃对它合理性、合法性的质疑。尽管如数字技术，研发的前提也是建立对话系统，只是它们使用双重语言。在后台程序编程上，它们使用常人完全不懂的语言，所以，它们得以掩盖开发商的所有企图，包括商业的野心。另一方面，它呈现的界面和内容又最大化纵容了人的弱点，傻瓜性是技术始终强调的，开发商不需要我们明白为什么，而要求我们必须如此。他们表面在讨好我们，实际上在更加暴力地控制我们。斯蒂格勒说：“现在，不仅仅是新自由主义者，传统的自由主义者也都在试图压制政府，而让市场占统治。这是利润的统治，把类似人工智能这样强大的技术，置于市场的统治下，是非常危险的。”（引注同上）我们今天反技术基本是不可能的了，我们需要的是和技术对话，我们改变自己接受的习惯，我们要求系统设计留出对话的空间和余地。这一点做到了，技术就会尊重个性，满足个性需要，而不是把所有的人都变成一个人。斯蒂格勒提醒我们：“当你移植了一个所谓的人工智能系统之后，其实你是创造了愚蠢，人工的愚蠢。”（引注同上）

九

今天有一个词很火，叫“内卷”，内卷的核心特质是陷入向内的收缩力，即自我的认同和自我的裹挟之中。图像技术带给人的内卷常常是无意识的。特别是面对图像消费，人们很少像面对抽象问题，比如本质或真理时容易进入思辨之中。今天我们都太依赖感觉了，我们感觉快乐、舒服、好奇、好玩时是不考虑真伪问题的，在对图像的消费中人自身由本能性的人退化成功能性的人。正如图像将对世界的表达功能化一样。拍照时我们使用手机，写文章时我们使用电脑，走路时我们使用汽车或其他交通工具，人在对各种工具的使用中也正在将自身工具化或功能化。人的这种退化不仅表现出和传统自然的脱离，也表现在对人本质和灵魂的脱离。当然，有人试图重构人类的生态，但事实上，这种重构不过是另一种装置而已。人将借助这种重构选择性地脱离由原始性决定的生物链条循环，表现为生存和发展逐步摆脱对物理世界或由自然提供能量和养分世界的依赖，人将在虚拟世界和数字世界中开发新的能源和生存空间。人也不能再像古人那样为了远离政治选择归隐，即一个人完全脱离手机或互联网而存在。手机正在成为人身份和社会器官的一部分，包括作为个人身份（号码的实名制）、行动轨迹（定位和界面交互痕迹）、社会活动（社交平台）、学习（资料库或网课）、个人兴趣和爱好（浏览的倾向性）、资本管理、工作处理等内容，手机已经深深地嵌入我们的身体和生活之中，无法脱离。同时，如果谁真的做到了拒绝手机或拒绝智能手机，他也不会像古人那样成为人类生存羡慕的典范，而是因为显在自明的落后，被人们视为迂腐。

尽管如此，我们对技术、装置、图像语言的接受并不意味着先进的东西都是好的，至少这一切并不保证人类的未来是有把握的，是有前途的，相反，它积聚的危机和风险越来越高，也越来越不可调控。这就是斯蒂格勒提醒我们的要警惕技术反噬的危害性，图像技术不是个坏东西，取决于我们能够有效驾驭图像技术；图像技术是可怕的，则意味着我们已经完全陷入对图像技术的依赖中，丧失了自我。所以我们需要思想，需要诗歌，需要书写，以此对抗图像和技术对人的绑架。思想的目的不一定要创造意义，而是创造对话的机会，通过质疑，用不同的视角和思维打乱一种装置的进程，在一个看似高级和完美的系统内制造争执，以此来减缓机器处理问题的速度，降低机器对人的操控和指令，给人类按照自己的意志和兴趣判别选择留出足够的时间和空间。

任何技术，它的优点也同时是它的缺点，所以，世界有了矛，自然有了盾。

从阿特金斯购买头像看监控和刷脸时代人的私权问题

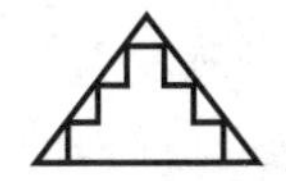

一、埃德·阿特金斯在他的视觉艺术中想说什么?

阿特金斯在他的艺术创作中坚持购买头像,这一行为被人们解读为艺术参与生产流程的体现。我是觉得这一行为主要体现了阿特金斯的契约精神,意味着他对头像创作权(私权)的尊重以及对自己不滥用这一头像的约束。从艺术表现上看,他使用购买头像制作 3D 图像作品有他的创作意图,他要表现的是现实中的人严重的“异化”和“尸化”。人已经丧失了本来面目,人要么是演出服装一样的空心道具(尸化),要么是被利益、权力、技术撕扯的应酬对象。尽管阿特金斯使用最先进的图像处理技术,但他的作品表现的内容并不令我们陌生。从中我们隐约看到达利和毕加索的影子。他构筑的对话语境有着鲜明的批判性和传统叙事,以及哭泣、悲伤等古老情绪。我认为阿特金斯没有陷入对图像技术的狂想之中,而是在现代突飞猛进的技术时代痛苦而尖锐地呈现出我们存在的现实。他把人的泪水处理得很黏稠,那是他意识到今天人们的泪水也不够纯粹了。哭泣(悲剧)作为艺术高贵之魂,今天看上去反而让人觉得假,觉得卑鄙和恶心。

我不认为阿特金斯的艺术是在宣示技术时代的狂欢，而是在反省和批判。在这一点上，有人认为他并没有创新，因为现代派的艺术家们就是这么干的。我认为他坚持使用购买的头像创作作品也是对图像复制时代的一种抗辩，包括对无视创作权行为的一种逆向回应。现代主义时代人们担心机器会毁掉人们亘古依存的自然，人们反抗机器和技术是在捍卫自然。而面对数字化时代，大数据取消的不仅是人的面容，还有人的有机一体性。我不确定阿特金斯在艺术理念上是否压根就不相信人还有有机的一体性，但从他的作品中我能感受到他对人主体性强烈的维护意识。他越是把自己处理成合成影像，处理成“尸体”，越是表明他在乎某种原始的生命力。特别是在他最新的作品中，他一反常态以真人现身，并且选择和母亲聊天，难道对阿特金斯这样一位敏锐的、有独特创建意识的艺术家来说，他和母亲聊天会是他随便选择的一种对话方式吗？显然，他在开始关注原始性问题，关注生命的本源问题，关注人作为人的问题。他带给我们的不一定是技术与人之间观念性的思考，而是对某种存在的切身体验。看到他的镜头，我心里嘀咕：瞧瞧，我们就连在母亲面前都不自然了，没有安全感和诚实感！

二、和一位图像软件专家讨论监控和刷脸的危害性问题

在去往青岛的高铁上，我和一位图像软件开发专家（他开发了中国第一款无人机航空三维实体影像大比例尺绘图软件）探讨无处不在的监控设备以及刷脸技术的危害性问题。他说得很坚决，他认为技术是没有道德感的，对技术的使用必须设置底线和规则，我们不能因为它新就认为它是合理的，不能因为它针对所有人就认为它是合法的，也不能认为它目前是无害的就认为它对人有益无害。监控录像和刷脸对人自身安全存在诸多隐患，我们不能保证摄入的影

像在日后的使用中不发生非法的，以及对当事人自身权益构成侵害的事情。但是今天，这个问题的严重性远远没有得到应有的重视，人的私权定义应该在新的技术下重新界定，并受到法律的保护。我问他，可不可以认为每天有海量的数据录入其中，我们被捕获的概率很小，受伤害的概率也是很小的？他果断说：“对于普通人来讲，别人受害等同于你在受害，因为，很可能下一个受害的就是你。我们不能说你身边有一个炸弹，因为它没有爆炸它就不是一个炸弹。”

在车上，我内心感觉极度复杂。我写了一首诗，题目是《技术时代的日常生活》，我呈现了十一种我们和技术纠结不清的处境，没有哪一种对我们的生活和生命来说不构成挑战。

三、从阿特金斯的“捕获”联想到大数据对我们的“捕获”

阿特金斯在他最新的作品中集中呈现了镜头对人局部的“捕获”，我认为这一表现过程在提醒每一个人，我们当下都处在被捕获之中。“在海量的数据中，我们被捞取的概率很小”这样的判断显然是不懂得大数据是如何处理信息的，我只是在百度上搜了一下“海南房地产”，第二天就有好几个海南房地产中介给我打电话推销房产。大数据处理有一种说法，叫“垃圾进，黄金出”。在数据背后，我们不是被一个人捕获，我们被怀着不同意图的人或组织捕获。凡是被纳入大数据的信息都意味着纳入了开放性的资源之中，所以，我理解阿特金斯在最近的3D艺术作品中为什么如此强烈地突出了“捕获”这一过程。阿特金斯没有拒绝捕获，甚至，他是在完全不清楚捕获者意图下被捕获的，不过他已经强烈地感觉到自己置身于来自不同角度的捕获中，就算他做的仅仅是在和母亲聊天这样温暖和平常的事，可他意识到捕获的镜头埋伏在周围时，还是感到不自在。他本能地紧张和眼神游离，这种本能的反应都是一种抗辩的表达。他告诉我们就算人不宣言式地表达对技术干预的抵抗，本能也会发出这样的抵抗。就像人体做了心脏搭桥手术后要终身吃抗介入药物一样。我认为人维护自身肖像权和隐私权是基本的诉求，图像捕获以及使用应该做到：第一，履行告知义务；第二，做到有偿交易；第三，法律保障人维权和起诉的权利。现在的问题是技术处于没有底线和监督之中运行，指望靠海量数据淹没自己的想法是不切实际的，指望人们通过习惯融化技术的不合理问题也是不切实际的。可以设想，如果工业革命之后，没有工会对人权的维护，没有层出不穷的工人罢工，资本主义企业生产就不可能像现在这样人性化。人和技术的共存不把人放到主导或主体位置来看待，就会本末倒置。那人就真的如同阿特金斯表现的那样，成了活着的“尸体”。

四、其实，真正抵抗技术的是技术本身

社会对技术有一种较强的追逐热情和消化能力，但并不是任何技术都可以一路绿灯，畅通无阻地发展自己。从广义上或专业性上讲，对技术的对抗来自技术本身，这种对抗从未停止。我们作为技术的接受者，在接受技术的合法性的同时（包括受害，比如原子弹的发明），我们也在接受技术对技术的对抗（技术的竞争与更新换代）。这种对抗至少反映在两方面，一方面，任何技术，它的优点也同时是它的缺点，所以，世界有了矛，自然有了盾。另一方面，技术始终处在被技术征服之中，农耕文明向工业文明的迈进，工业文明向信息文明的迈进，都是技术推动的结果。而技术对技术对抗的背后是人对技术的发明和创造，即人发动了这样的对抗。这种抗辩最终使人自身的意愿、利益和诉求获得最大化满足。所以，如果我们今天引导人们放弃对图像技术的抗辩是不现实的。当然，作为

一种发展的趋势，我们认同未来生活的图像技术化会越来越普及。在图像技术更加发达的时代，人当何为？这是与普通人密切相关的。在这方面，我同意同济大学人文学院教授陆兴华老师的担忧，不能把自动化节约出来的时间，用于工作加班或用于生命的懈怠和挥霍上，而要致力于生命自身品质的提升。但在这方面，我们探讨得很少。我关心的是图像技术使得图像文化世俗化，这种世俗化倾向的危害就是导致人们精神需求的低俗化和无个性化。

另外，我们处于技术应用的终端（手机或电脑），我们仅仅是技术的应用者，履行的是消费职能。我想说的是消费的群体性特征不等于民主，不管消费者有怎样的消费个人行为和主张，不管这个群体有多大，都不能把消费行为视同为民主。

机器并不是一个冰冷之物，当它运转时也会发热。机器也有记忆，它所受到善待与否都铭刻在磨损中。

机器的价值和机器的伦理

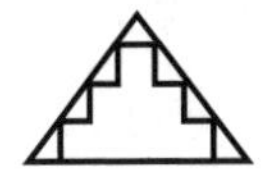

机器的价值

一

存在只是存在的辩词，它从未合理过。合理的是我们对它怀有的无条件接纳和无奈的顺从。存在是存在的强权，它从未合理过。

二

在诸多的事实之中，荒谬也是一种事实。正如在人类的记忆中，耻辱和苦难占据了更多的历史篇幅。

荒谬与否不是单纯靠智力识别的，荒谬是被一个个恶果所证实的。

三

哲学的任务不再是解决真理性问题，而是解决合理性问题，即机器如何成为人。我们已经打破地球设定的循环系统，试图向更远的星空寻求寄居地。人将被自身的智力所毁灭，地球的未来属于机器和荒凉的遗址。

四

机器并不是一个冰冷之物，当它运转时也会发热。机器也有记忆，它受到善待与否都铭刻在磨损中。机器也有情感，当它超出自己的负荷就会崩溃。当它被触犯，也会怠工，甚至爆炸。

人类制造机器是为了制作自己的替身。机器曾是人类的好帮手，但也无法避免它成为人类的对手。过去，人类一直为战胜自然而努力，但未来，人类可能要为如何摆脱机器对我们的统治而烦恼。

五

我们为什么要把机器看作是我们的对手呢？是因为机器的力量超出人类的力量了吗？是因为机器对知识的记忆运用超出人类的大脑了吗？是因为机器比人更稳定、可靠、单纯吗？

机器会改变我们对生命空间的认知吗？会改变我们对生命以及生命价值的命名和界定吗？机器最终会是我们的附庸、伴侣，还是送葬者？我们需要寻找一个适应与机器共同生活的伦理吗？而这种伦理超出我们过去对自然规律的遵从吗？

六

我们越来越离不开机器了。我们的生活以及我们的思维习惯都逐步机械化了。我们反对机器的想法已经和当下的事实严重背离。这种对立观念让我们在与机器相处中缺乏必要的尊重。我们在倡导众生平等的同时，是否也要提出与机器平等的理念呢？当人类的肌体里装着机器心脏、假肢，这些机器器官维系一个自然人生命的时候，我们拒绝对机器价值的认同，或拒绝对机器生命力的认同只能是自欺欺人。

机器经由人手完成的智力与物质的组合，是否可以被看作是天人合一的新生命？自古以来，没有哪个仆人像机器这样听命主人的使唤，并无怨无悔；没有哪个助手像机器一样能干，而不计报酬；也没有哪个合作伙伴像机器一样信守规矩、诚实可靠。机器常被看作是僵化的代名词，是无情的象征，其实，机械性正是对人类缺陷的矫正和示范。机器的优秀品质远比人类身上变化不定的性情要持久稳定。善变、言行不一、贪婪无度等人类弱点已经成为人类自身进步的障碍。人类社会正是靠机器的推动才一点点进步的。

在未来的社会中，人类不是要越来越仇视对抗机器，而是要从机器的性情中学习人类缺乏的品质和精神。机器是人制造的，机器没有尊严，人类也没有尊严。仇视对抗机器，就是仇视对抗人类自己。

机器伦理

一

自然被干预了，机器是干预的参与者。干预出自人的意志。

机器是人意志的产物，是人心的变相呈现。机器的设计制造使用都是人内在欲求梦想的实现和满足。机器表现出了人类智慧的一面，也表现出了人类贪婪的一面。有什么样的机器，便可见出什么样的人性。

二

天有天道，人有人伦。机器的伦理也是存在的。可能我们忽视了它的存在，实际上我们一直在遵从。在机器代际更替中，年龄、寿命都存在一定的内在联系。机器伦理虽然不像人类那样受基因和道德约束，但机器伦理当以人类伦理为底线。不是机器对机器构成规约，而是对人类制造并使用机器的行为构成规约。尽管机器本身无善恶之念，但利用机器，人类可以造福自身，也可以毁灭自身。

为什么要建立机器伦理呢？这是因为随着科学技术的发展，机器正在打破传统的伦理体系，作为一种干预和参与者，机器已经让人类世界呈现出新的组织关系，即由天地人的自然系统发展为天地人机器的系统。比如人造卫星与天体中的其他星球一样在宇宙中运行，并成为人们日常生活等依赖的对象。比如空调设备满足人们在不同季节对恒温的需要。这些系统不是作为工具独立于人与天地共存的关系之外，而是成为天地人共存的一部分。我们在受益于这些机器的同时，也不能忽略它们对整个自然系统带来的影响，甚至破坏。维持整体的自然生态不受破坏就是建立机器伦理的最终目的。

三

老子曾在《道德经》中说："人法地，地法天，天法道，道法自然。"关注机器对这一体系的干预和参与，我们面临一个新问题，就是机器法什么？这关乎机器在天地人自然系统中的定位，若机器从属于人，那么就是机法人。如果机器处于人之上，就将带来整个系统的重构。我们试想将机器放在人之上，将是人法机，机法地，地法天，天法道，道法自然。这里显然存在着混乱的地方。人怎么可以按照机器的规则行事呢？从主体上说，这是不成立的。只有一种可能是成立的，就是机器替代人成为人类社会的主宰。这恰恰是机器伦理所不允许的。机器伦理的目的就是必须保证人始终是人类社会的主宰。

假使人法机成立，那么，我们再看机法地是否成立。地厚德载物，养育生灵，以其母性恩育众生。机器若遵从地的规则，机器也必须拥有孕育功能，即生命有机的再生能力。事实上，机器自己并不具备这样的繁育能力，它也不能置放在大自然之中，依靠阳光、水分而滋养生灵。因此，把机器置于人之上是违背天伦、人伦的。依此推理，若把机器置于地之上，就更加荒谬了。所以说，在这个新的体系里，机器必须置于人之下，即：机法人，人法地，地法天，天法道，道法自然。

四

这是一个新的自然生态系统。这个系统要做到可循环、可平衡，就给我们提出了一些新的问题。比如机法人，法什么？是法人的欲望，还是法人的理智？还是宗教和艺术的情趣？机器做到什么样，其行为才算不违背人伦？或者反过来说，人多大程度上能够在机器日益智能化的社会中保持人的尊严、本性、生存能力不至于退化、蜕变，以至消亡？机器的研制、使用和人类理想的社会秩序是怎样的关系？毫无疑问，所有机器创造的利益，都由人来享用，同样机器如果闯下祸端，人也是必然的受害者。将机器置于人之下，就是要人在机器研制和使用中严格遵守科学规则，遵守自然规律，做到对机器行为能掌控，对机器存在的可能风险与威胁能应对和限制。这意味着对机器的发明制造不是无限制的，我们对机器的制造和使用也不是无所不能的。给机器设置开关，在它出现任何危及人类存在行为的时候，我们都能通过撳动一个按钮，阻止一切危险的行为发生。保持对这一伦理的遵从和敬重是出于对人类本身生存环境的守护。不管机器多么发达、多么了不起，都不要让它超出我们的控制之外，这是今天人们需要警醒的。

机器的伦理应该把战争纳入考虑范围之内，如果，机器能够自动识别战争的正义与非正义，那该多好，凡是正义的战争，炮弹就找到目标爆炸，凡是非正义的战争，炮弹就拒绝出膛，或者在飞行中避开那些无辜的人，找一片荒无人烟的地方爆炸。

游戏一词在东西方语言中的意思差别很大，在西方，游戏指按照规则做事，代表着严肃的行为。在东方意思恰好相反，游戏和赌博差不多，凭概率或运气做事，代表着不严肃的行为。

技术时代语言的合法化与非合法化

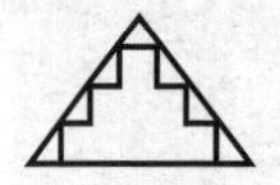

一、关于语言游戏

“游戏”一词在东西方语言中的意思差别很大，在西方，游戏指按照规则做事，代表着严肃的行为。在东方意思恰好相反，游戏和赌博差不多，凭概率或运气做事，代表着不严肃的行为。所以人们也通常把游戏理解为玩。谈论语言合法化与非合法化问题，如果不能很好地理解“语言游戏”这一概念是没法谈的，就像一个不理解形而上学的人你不能和他谈论真理一样。严格地说，语言游戏是一个哲学概念，它代表了理性的另一种存在形式，是哲学从思辨哲学进入实证哲学之后出现的新的哲学形态，即阐释哲学，或叫语言哲学。语言哲学的先驱是维特根斯坦，基于宏大叙事的解体，哲学的使命由追求普遍的真理到追求普遍的有效，理解和运用方法促使哲学研究转向阐释。维特根斯坦从研究语言来研究哲学，他把注意力集中到话语的作用上，他把通过这种方法找到的各种陈述叫作“语言游戏”。

维特根斯坦把符合规则的语言称为“语言”，代表着它们是有法度和边界的，它们的语意都有清晰的指向性，人不能基于个人好恶擅自曲解语言的旨意。这种语言具有规范和管理的职能，是秩序建立不可或缺的基础。在思辨哲学那里，真理是构建秩序的基础，在维特根斯坦这里，合法化语言成为构建秩序的基础。这之间的差别在哪里呢？在思辨哲学那里，真理是不可见的神秘存在（形而上），这是思辨哲学最终走向书斋的原因，维特根斯坦见证了思辨哲学的没落，哲学要变得更加具有实用性和活力，就必须在日常性中找到切入点，语言就是哲学寻求实用性的选择，语言游戏就是哲学和普遍人类生活相衔接的切入点。同时，针对非合法化语言，即那些不能用相关法度廓清旨意边界的语言，比如宗教、艺术、诗歌等，维特根斯坦将它们定义为“话语”，意味着它们具有一定的个性表达权力和空间。为此，人类社会复杂的关系以及复杂的形态都可以通过识别语言形态、把握语言游戏来实现有序化。

这一发现彻底改变了西方哲学的研究方向，我们看到，维特根斯坦以后，哲学脱离传统体系全面转向对语言哲学的研究。比如胡塞尔将建立在基督教恐惧与战栗（克尔凯郭尔）的存在主义哲学导向对存在现象进行本质还原的纯粹语意的回归（因为还带着形而上的影子，所以胡塞尔的语言哲学是不彻底的），突破胡塞尔哲学窠臼，真正进入语言哲学研究的德国哲学家是海德格尔。海德格尔首次消弭由柏拉图构建的哲学对诗歌的敌意，在去宏大叙事和抵抗技术座架之间，寻找到可以使人有尊严活着的哲学，即诗意地栖居。人的存在应以天地人神澄明一体为最高目标，而不应被反对神性和诗意的理性主义，以及功用主义和物质主义所困束。海德格尔认为人与天地人神实现澄明共存是通过语言的澄明来实现的。海德格尔拓展了维特根斯坦对语言合法化的边界划定，将诗和宗教也划入合法化的范畴，而且这一合法化是不需要证明的，它就是存在（客观事实），正如他在《诗人哲学家》一诗中所说：“道路与思量，/ 阶梯与言说，/ 在独行中发现。”“发现”一词意味着真理已在，世界本然澄明。

福柯意识到了语言和权力的游戏关系，他的哲学研究基本是通过“权力的眼睛”发现的。从他的著作《癫狂与文明》《规训与惩罚》《词与物》《知识考古学》《性史》中，我们可以感受到他借着语言表达方式展开的全新研究。事物存在的合理性通过语言显现出的权力特征来描述和证明。这是一种不需要“证人在场”就可以做出考查判断的研究，只要语言在场就可以了。语言不仅仅记录史实，语言本身就是史实。他由此断言：“有语言的地方就有权力存在。”福柯通过对语言哲学的研究，构筑了他审视存在的结构主义体系，这一体系在《词与物》和《知识考古学》中逐渐明晰起来。福柯所做的工作就是通过追踪历史性话语对人类知识的影响来揭开存在之谜。他依从的规则和研究的对象都来自语言游戏。

语言游戏在影响哲学研究的同时，也影响了心理学、美学、经济学、科技、政治等领域。我们熟知的语言符号学家罗兰·巴特、心理学家拉康、解构主义哲学家德里达、艺术哲学家德勒兹等无不是在语言游戏的基础上形成自己独特的思想体系的。特别是利奥塔专门从语言游戏的角度研究了后现代知识和社会形态特征，撰写了《后现代状态：关于知识的报告》。在这部带有探索性研究的书里，利奥塔系统地描述了信息化时代知识的表现特征、合法化以及语言游戏的形态，分析了思辨叙事（普遍真理）、解放叙事（个性与自由）在工业化之后失效的原因，指出了后工业时代语言游戏出现的新形态和新方式。

利奥塔说：“科学知识是一种话语。我们可以说，40年来的所谓尖端科技都和语言有关，如音位学与语言学理论、交流问题与控制论、现代代数与信息学、计算机与计算机语言、语言翻译问题与机器语言兼容性研究、存储问题与数据库、通信学与‘智能’终端的建立、悖论学：以上是明显的证据，这还不是完整的清单。”（《后现代状态：关于知识的报告》）

利奥塔从知识话语的普遍有效中敏锐地意识到语言合法化问题的重要性，他说：“知识和权力是同一个问题的两个方面：谁决定知识是什么？谁知道应该决定什么？在信息时代，知识的问题比过去任何时候都更是统治的问题。”（引注同上）

二、关于语言合法化

语言合法化是关于语言表述有效性的统称。合法化体现的是司法语境，表现为语言游戏规则设立合法化（立法）、语言辩论和举证合法化（表达）以及语言目的的合法化（证真）。这种语言合法化认识突出表现在思辨哲学认知性语言游戏之中。按照这样的规则，我们把那些符合真知的语言称为“真理”或“真言”。为此，哲学研究变成语言关于真理性表达的游戏，由此形成人们对语言合法化的目的性认同，即凡是合理的也就是合法的。人们希望通过构建语言合法性秩序让世间的一切变得可管理，并维护每个人合法的权益。柏拉图《理想国》就是按照这样的思路设计的。

人是一个有情的存在物，在参与社会和家庭活动中，主导一个人行为的不仅是理性（合法化认识），还有情感（非合法化本能），这就为语言合法化标准的定义提出了挑战。如果说语言游戏的目的

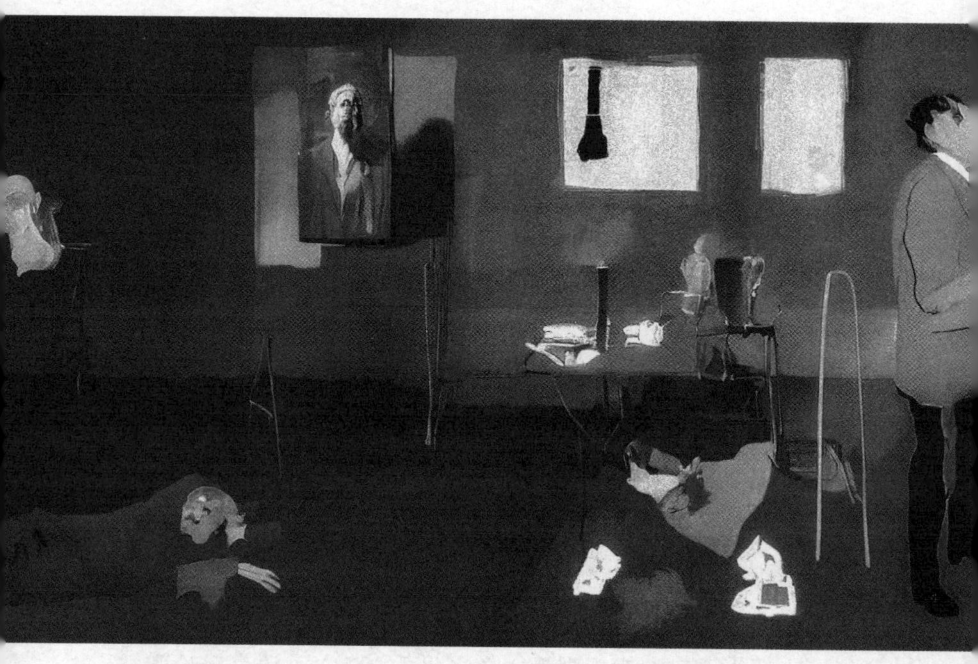

如果说语言游戏的目的仍然指向有效性，那么，毫无疑问，很多时候符合情感的表达要比符合规则的表达更有效。

仍然指向有效性，那么，毫无疑问，很多时候符合情感的表达要比符合规则的表达更有效。这种语言上的纷争在中国先秦时期就已经展开。法家思想要求语言游戏规则化，尽量克服情感因素的影响。因为，规则更能代表公平性，而情感则可能在人群中人为造成亲疏关系。对此，儒家提出相反的观点，孔子认为事在人为，一个人有什么样的动机和情怀就会有什么样的责任和行动力。儒家思想后来被推崇为治国之道形成了中国人对语言游戏合法性的认识标准，即合情合理。

因为儒家思想的核心是礼制，所以儒家是有自己明确立法的。因此，儒家强调合情合理不是说“合情”与“合理”是分裂的，而是不可分的。也不意味着谁先谁后的问题，有人认为中国语言游戏合法性更强调合情性，忽视合理性，这样的认识未免有失公允。我们看到老子在《道德经》中尽管反对儒家以“仁义”治天下，但也强调“情感的重要性”，老子说：“上善若水，水善，利万物而不争，处众人之所恶，故几于道。”表面上看，老子在说理，实际上深层是在说情。这就是中国“合情合理”语境的真实呈现。它是合一的和谐的，而不是对立的。墨子重技术和实用，但也强调合情合理是最高原则，他的核心思想是“兼爱”“非攻”，“兼爱”是以情治天下，“非攻”是避免战争，以规则治天下。可见中国的语言合法性是和国泰民安这样宏大叙事相连接的，相对于西方建立在真理性的宏大叙事而言，中国的语言合法性更加表现出权威性和实用性，而西方语言合法化更加表现出认知的思辨性和可能性。

诗人常常不按照合理性表达，所以诗人的语言不在合法化语言之列，柏拉图试图将诗人驱逐出理想国，原因就是诗人的表达对立法有颠覆破坏作用。古希腊时期的诗人又称预言家或占卜者，他们不说中规中矩的语言，他们说出的话具有预示未来的功能。但不等于说诗歌语言没有规则。亚里士多德对自然的描述建立了诗歌语言的规则，即模仿说。贺拉斯将这一规则细化，写出了《诗艺》，从此，谈论语言合法化问题就有了分类，知识性的语言合法化当遵从哲学语言规则或立法，诗歌语言的合法化要遵从诗歌语言游戏规则或立法。后来艺术哲学和美学在西方逐渐成为独立学科都是基于语言游戏合法化细致分类的需要。

当然，随着语言游戏规则（立法）的细分，语言游戏的方式（表达）和语言游戏的目的（有效性）都发生了很大变化。工业革命之后，西方知识性语言游戏从思辨转向功用，所以语言不再作为智力游戏的规则而存在，而是作为生产规则而存在。对语言（知识）的占有等于掌握了生产力。语言的信息功能转化成货币功能，这导致当代人类对语言合法性的裁决权几乎全部交给了机器。我们看到，技术越先进，生产力就越高。而人的语言交流由农耕文明时代偏向与自然对话，转向当前与机器对话。利奥塔在《后现代状态：关于知识的报告》中谈道："在这种普遍的变化中，知识的性质不会依然如故。知识只有被转译为信息量才能进入新的渠道，成为可操作的，因此我们可以预料，一切构成知识的东西，如果不能这样转译，就会遭到遗弃，新的研究方向将服从潜在成果变成机器语言所需的可译性条件。"（引注同上）

随着语言游戏趋向多元化，语言游戏的合法化也出现一些新的问题和特征。概括起来主要有以下几个方面：

（一）大数据时代，所有个性表达都被视为某个信息向量接受处理，它可以成为决定性的因素被作为证据用以证真，也可以作为海量信息中微小部分，被作为证伪的托词接受忽略。这意味着语言游戏规则面临重新确定，语言游戏的目的究竟是为了达成某种洽和（契约），还是达成某种排除（分离）？目前，这样的规则无论在研发端还是在使用端都是不够明确的。技术优先权主导了规则的制定，但这样的规则显然不是建立在普遍的认同上，而是建立在领先者的排他上。

语言游戏规则的排他性属于艺术语言游戏领域，这类语言游戏崇尚差异、个性、独特和非主流，这类语言游戏的目的性不是为了达成共识，而是为了制造惊诧和陌生。我们看到在新的信息技术领域，竞争语言越来越显现为艺术语言的特征，排他、系统自闭性、独特密码等语言要素在貌似开放的数据库里设置了神秘的过滤网，不仅“合情合理”的合法化原则已经不适用，就连机器的翻译和转述的合法化也显得隐晦不明。

（二）毫无疑问，没有规则就没有游戏，但规则正丧失普遍约束效力，语言游戏开始朝着有利于获取利益而不是遵守规则的方向加速分化。我们看到，人们借助语言游戏的特征，悄悄改变一条规则就改变了游戏性质，使语言表达导向完全不同的结果。利奥塔为此提醒道：“关于语言游戏，我们还有3个提出的值得注意事项。第一是它们的规则本身没有合法化，但这些规则是明确或不明确地存在于游戏者之间的契约（这并不是说游戏者发明了规则）。第二是没有规则便没有游戏，即使稍微改变一条规则也将改变游戏的性质，一个不符合规则的‘招数’或陈述不属于这些规则定义的游戏。第三个意见刚才已经暗示出来了：任何陈述都应该被看成是游戏中使用的‘招数’。”（引注同上）

（三）利奥塔说的“招数”也就是今天无处不在的“方法论”。这导致语言游戏不单纯是制定规则，还是用来诋毁削弱“规则”的招数游戏。语言游戏在后现代语境中的这一消解功能不单纯表现在解构主义的思想体系之内，也表现在商业模式和产品专利上的戏仿上。“招数”取消了普遍合法性的规则，将有效性缩小到自身行为目的的达成之上，由于“招数”的泛滥，使得“招数”自洽为合法化。人们面对无处不在的竞争难免会发问：谁有资格成为立法者？谁有权规定话语的边界和权利范围？作为游戏，说话就是斗争（参与游戏），语言行为属于一种普遍的竞技。利奥塔不无悲观地说出这样的事实："可观察的社会关系是由语言'招数'构成的。"这一发现将我们从判断语言合法化的真理语境和宏大叙事语境的沉迷中唤醒，世界已然进入由语言多元化，而并非仅仅依赖合法化主导的时代！

三、关于语言本体论

在语言游戏中，无论是机制性语言还是个性化语言，都越来越显现为一种词语和句式的现实。事物的现象和本质是靠语言来描述的，那么，怎么说和说什么就不只是语言的一种功能，而是语言的某种属性。这是语言本体论存在的前提。维特根斯坦从陈述中发现了语言基于"能指"和"所指"具有的社会权力属性，而莫里斯在符号学中区分了语构学、语义学和语用学三个领域。奥斯汀提出语言的性能说，认为"言有所为"实现最佳的"性能"。

语言本体论不是语言的形而上学（抽空语言的现实成分），而是把语言还原为一种社会现实，作为社会构成的组成部分，语言担负着独有的功能。同时，对世界的认识和改造，凡是有人参与其中的游戏都不可避免地依托语言游戏。语言的本体功能使它不仅可以担当对事物规律和规则的描述（立法），也可以担当社会构成的不同关系（系统控制和组织差异）。对于前者，语言发挥了系统控制论的职能（帕森斯），社会整体遵循熵原理，社会通过语言管理调控功能，以便延缓衰退的到来。对于后者，语言发挥了方法论的职能（奥斯汀），借助语用学实现"言有所为"。

前者让我们看到无论是过去还是未来，管理者都需要通过掌控语言来做出重大抉择。福柯把语言游戏等同于权力游戏，这一发现至关重要，它揭开了遮盖权力斗争的面纱，即这种斗争不再仅仅体现为善恶的对抗，更体现为语言的对抗。同样，民族主义、种族主义、全球化、命运共同体、同盟国等关于社会关系控制论也都表现为语言局部与整体冲突的现实。

突出，甚至制造、放大分歧与缩小、搁置分歧，努力寻求共识是语言冲突面临的两大抉择。东西文明冲突，南北发展差异，大国之间的利益博弈，人和人，人与自然的争夺与共处都使得世界永远不能在语言权力上达成共识。但是，广泛而畅通的交流渠道已经建立起来，每个个体虽然是微不足道的，但每个个体都在发声。正如利奥塔总结的那样："自我是微不足道的，但它并不孤立，它处在比过去任何时候都更复杂、更多变的关系网中。不论青年人还是老年人、男人还是女人、富人还是穷人，都始终处在交流线路的一些'节点'上，尽管它们极其微小。或者更应该说：处在不同性质的陈述经过的一些位置上。即使是最倒霉的人，他也从没有丧失有关这些陈述的权利，这些陈述一边穿越他，一边确定他的位置，他或者是发话者，或者是受话者，或者是指谓。"他进一步阐述道："语言游戏是社会为了存在而需要的最低限度关系。……社会关系的问题，作为问题，是一种语言游戏，它是提问的语言游戏。它立即确定提出问题的人、接收问题的人和问题的指谓：因此这个问题已经是社会关系了。"（引注同上）

这样的认识对于传统语言游戏规则提出了修正，比如过去建立在交流（对话）基础上的相关规则包括操纵语言或信息单向传递，

思辨叙事是知识和信息集中于某些个别人身上的结果。因此，它是整体蒙昧的产物。人们试图运用思辨叙事来统一人的思想和认识。

以及言论自由等都显得过时而肤浅，新的语言游戏和它面临的问题一样突出，这些问题迫使语言游戏功能细分，在陈述上由过去简单的宏大叙事向指示性、规定性、评价性、言有所为性等转移。这些叙述之间具有完全不同的形式和作用，它们显然不仅仅交流信息。同时，传统的信息控制论规则忽略了语言游戏的“竞技”功能，而在竞技语境下，语言游戏将自身目的导向“创新”。

语言游戏的竞技功能为社会体制进步提供了推动力。一方面，谈判、辩论、起诉与辩护等规则都鼓励陈述语境具有充分的开放性和灵活性；另一方面，体制话语规则面对多元语言游戏需要扩容空间，给予一定的宽容和接纳，这将使体制语言游戏边界扩展。在这样的现实中，语言游戏的问题不单纯是谁有权力发声的问题，而是在什么语境下说和说什么的问题。言论自由之所以不再成为突出问题就因为交流不再显得紧迫而重要，在互联网和自媒体等社交平台十分发达的今天，我们看到语言游戏自身规则和标准的缺失与不够明晰是其没有竞争力的根本。

历史地看，柏拉图在《对话集》里就提出了语言游戏合法性问题，这种基于教育职能的语用学自设了语言游戏规则，比如辩论的唯一目的是达成共识（同构），指谓的单一性是可能取得一致意见的保证（排除分歧），对话者相互平等（最大化实现授受）。从中不难看到，在《对话集》里合法性的标志是共识，规范化的方式是协商。这种语言的游戏必然产生进步观念：将语言游戏的推动变成一种社会进步的推动力。

四、关于技术时代语言的非合法化问题

利奥塔在研究中发现，当代社会和文化中，即后工业社会和后现代文化中，知识合法化的问题是以不同术语提出来的。大叙事失去了可信性，不论采用什么方式：思辨叙事或解放叙事。

我们不免要问，是什么导致宏大叙事的没落呢？

这要追踪到二战以后，科技飞跃发展，造成了从行为目的到行为方式（或理想性向方法论工具）的转移。去宏大叙事不是否定关系，而是替代关系。理想性的东西还在，只是不再像以往那样重要。相反，

科技带来的对当下生活的改造是显而易见的，具体而现实。因此，从语言的合法性上看，人们将这种信赖从符合理想和信仰的描述转向符合需要的满足，语言的合法性标志也从纯粹精神性统一转变成物质性和技术性的当下实用。

思辨叙事是知识和信息集中于某些个别人身上的结果。因此，它是整体蒙昧的产物。人们试图运用思辨叙事来统一人的思想和认识。这种叙事在启蒙时期达到巅峰。而解放叙事带有鲜明的拯救色彩，是宗教叙事的异化。法国大革命开始的解放运动推动了这一叙事的流行。但解放叙事只描述了共同的匮乏和解决路径：革命！并未对匮乏解决后的统一性提出约定，所以，解放叙事更适合斗争哲学。

科学技术的研发和创新为个性发展打开空间。科学技术从叙事学角度对元叙事进行了解构，使统一的叙事主体分化为若干个叙述主体，也因此解构了统一性，将符合同一目的指谓引向多元指谓。

这样的非合法化状态不是一次性被科技推动引领到位的。实际上，在 19 世纪的时候，非理性就已经构成了以“虚无主义”为元叙事的非合法化叙事。这些人包括克尔凯郭尔和尼采。这些思想上的变化体现为思辨机制面对知识和技术时表现出的暧昧性。利奥塔说：“思辨机制表明，知识之所以被称为知识，只是因为它在一个使自己陈述合法化的第二级话语（自义语）中引用这些陈述来自我重复（自我‘提升’），这也就是说，关于一个指谓（一个生命机体、一种化学性质、一种物理现象等）的指示性话语其实并不能直接知道自己以为知道的东西。实证科学不是一种知识，它的消失为思辨提供了养分。因此黑格尔承认，他的思辨叙事自身含有一种对

实证知识的怀疑。”（引注同上）

这导致合法性内部规则的变化：一种由非合法性对合法性发起的诉讼。而非合法性诉求表达却恰恰是合法性本身。知识的跨界影响与运用，学术上的纷争，以及思想的批判机制令知识和科学出现泛学科化，并且付诸实用。无论基于思辨的宏大叙事，还是基于解放的宏大叙事都无法满足非合法化对规则的需求。这也导致哲学研究从必然性转向可能性研究，由符合理性的规则约定到符合生成需要的规则约定。而这种约定是彻底摆脱理性束缚和历史胎记后的解元叙事。这是一个新的叙事的开始，这个崭新的开端就是“虚无”。这导致叙事从此脱离了“自然”“理性”“自由”“真理”等人文主题，而趋向于“存在”“价值”“权力”“表现”等与个体密切相关的主题。瑞士人文学家让·皮亚杰将这种人文现象定义为“发生结构主义”。按照皮亚杰的观点，这种叙事不再是线性关系的延展，而是以网状关系延展的，并且带有生物学的特征。这个网状的结构至少包括以下几个方面：第一，人文科学在科学体系中的地位；第二，跨学科反映出来的差异与共同机制；第三，心理学对各学科的关联与影响等。这些改变一方面在瓦解元叙事中生成新的规则，比如语言学规则、心理学规则等。另一方面，机制自身也纠正科学技术产生的消极负面影响，比如大学降低为对可靠知识的复制和传播，学者的创新能力被扼杀等。

除此之外，利奥塔也敏锐地发现“启蒙运动”的解放机制，“它内在的侵蚀力量并不亚于那种在思辨话语中起作用的侵蚀力量”。其特征是：“把科学的合法性和真理建立在那些投身于伦理、社会和政治实践的对话者的自律上。”这种合法化是有问题的：“一个具有认知价值的指示性陈述和一个具有实践价值的规定性陈述之间的差异是相关性的差异，因此是能力的差异。没有什么能证明：如果一个描写现实的陈述是真实的，那么与它对应的规定性陈述（其作用必然是改变现实）就是公正的。”（引注同上）

利奥塔的发现证明了一个事实，就是在合法化上，语言正在分化。语言游戏正在由构建统一的规则转向不同学科和领域的规则自拟。推动这一进程的主要功臣是哲学家。比如典型的语言哲学家维特根斯坦首次将语言的权力和功能细分，并规则化。而勒维纳斯从表意和指谓上打通宗教、政治话语的阻隔，形成哲学话语。这些思想家所做的都为后现代语言分析哲学、阐释学、符号学等发展奠定了基础。这让我们逐渐接受了类似的事实：科学玩的是自己的游戏，它不能使其他语言游戏合法化，例如规定性语言游戏就不受它的控制。

五、语言游戏对社会的影响

社会主体本身随着元叙事的瓦解而显现为多元性。社会结构细分，包括功能、产业、社群等细分均表现出语言规则上的细分。社会关系不再表现为阶级性或阶层性，即对人的群体细分，而是表现为不同语言规则之间通约和并存关系。正如维特根斯坦所说：“我们可以把我们的语言看作是一座古城：那儿有迷宫般的小街道和小广场，有新旧房屋和历代扩建的房屋，而且古城还被大片的新区环绕，新区有笔直的街道，街道两旁是式样单一的建筑。”（《后现代状态：关于知识的报告》）维特根斯坦明确指出“统一整合原则是不适用的，或者说知识元话语权威下的综合原则是不适用的”，对此，他诘问道：“一座城市从多少房屋或街道开始成为一座城市？”（引注同上）

我们看到学科产生了分类，在大学的教程上出现了“社会科学”与“人文科学”的分类。尽管这二者之间不能做出本质的区别，以及汇聚到人身上无法将二者从心理特征，乃至人的个性与社会性边界上做出明晰的划分，但这种划分已经显示出它们对不同语言规则的约定。这种区分是在已经承认人身上不仅有“人性”，还有“先天从属于环境的社会性”这一基础上提出的。这意味着，人不是作为主体元叙事来看待的，而是作为话语的对话者来看待的。它完成的并不是一个关于人整体统一和整合的过程，而是对话语在人身上进行的分区记忆和交谈。言语被作为行为纳入语言游戏规则之中，在《人文科学认识论》中人的活动一定程度上被规约的语言规则所限制。按照让·皮亚杰的研究，这种限制的合法性表现为“正题法则”或“规律建构法则”。这种法则脱离开思辨合法性原理，进入现象学或类比学分析，展现出的是相对差异性。他将这些原则归为“四大类”：

（一）把探求“规律”的学科称为“正题法则学科”。

“规律”是以日常语言（通俗语言）或形式化语言（逻辑语言）来表达的。这些学科包括科学心理学、社会学、人种学、语言学、经济学以及人口统计学。正题法则语言规则主要有三大特征：一是探求发展变化规律；二是探究有效的方法及应用；三是对规律的研究是以实证为基础的，通过样本分析推得结论。

（二）以重视和理解在时间长河中展开的社会生活的全部画卷为己任的学科，这个学科统称为“人文历史学科”。

它包括技术与科学，文学与艺术，哲学与宗教各种制度、经济及其他交流以及整个文明。显然，这些问题交错于历史之中，选择不同的历史视角就会获得不同的结论。正因为此，以上这些问题无论是基于史实性（事件）还是基于启示性（经验和教训）都不是僵死的木乃伊，它们仍是人类学习、依从的智慧来源。人们侧重对“历史规律”的找寻研究也显示出了相对的特征，包括：1. 归因于发展的确定（因为发展是质的变化的规律的延续，甚至序列性延续。质的变化保证了逐渐结构化）；2. 归因于自身动力中同步平衡的确定；3. 干扰或偶然事件；4. 个人或集体的决策。

（三）法律科学。

法律是一个规范体系，规范不等于对存在关系的简单确认。因此，规范的特点在于规定一定数量的义务与权限，这些义务与权限即使在权力主体违反或不适用时仍然是有效的。而自然规律则建立在因果决定论或随机分配之上，它的真实价值完全在于它与事实的相符一致。

相对宏大叙事合法性，法律语言游戏某种程度上作为替代物担当了宏大叙事缺席后人们寄予统一性的期望。这种诉讼语言游戏规则至少构建了如下语境：1. 对合法性的质疑与对证；2. 赖以说明问题的事实依据；3. 质询中的表达诉求，包括对非法性的纠正以及损害赔偿；4. 裁决的公正性与承诺兑现。

法律性语言游戏规则使命是通过规范语言达到规范行为和事实的目的。当思辨叙事那种思维目的功能失效后，规约行为的最有效方式便是法律。从目的性上说，它符合统一性原理，公平即是统一性表征。从对象实施来看，它包含所有被规范的个体，但这种规范不是命令机制的。作为规定性语言，它将结果指向可能性，而不是必然性。当然，这里的可能性正是考虑到偶然事件影响后对量的程度选择。

（四）哲学。

这是一个几乎依靠分歧，而非共识而建立的学科。如果说人类的存在始终是一个未解之谜的话，那么，这个谜不是别人加于人类，而是人类加于自己的。制造谜的人也是解谜的人，这就是哲学的宿命。最初我们乐于相信来自智者的思考和答案，可是，随着这些答案成为新的遭受质疑的问题，并导向新的答案时，我们发现，我们真正需要的不是答案，而是思考本身。哲学正在成为一项趋于思本身的语言游戏。这个游戏毫无疑问是所有语言游戏中最古老的一种。它虽然变化万千，但离不开意义、本质、现象、规律、形式、差异、统一等问题的探讨。它成为人们认识和解释世界的一种可能性表达。因此，有人把哲学从学科即类的分化中提升到超学科的智慧存在。智慧带有先天神赐的味道，因此，哲学也总是和宗教的神秘性保持着一种说不清的渊源关系。

人们出于实用性，而非出于趣味和可能性，努力将繁复的哲学简化归类，正如雅斯贝尔斯所说的那样，哲学主要是一种思维“导向”，而作为对行为目的正确性的辨析，哲学也经常脱离精确机制，表现为一种态度或立场。当然，有的哲学家努力将哲学引向对于高于科学知识的真正知识的抵达，比如胡塞尔。

尽管这些学科的分类将语言游戏规则细化，但，语言替代形而上学

后现代的世界是信息游戏支配的世界。互联网改变了信息存储、传播的方式，知识不再独属于知识分子或精英人才，而是属于网络。

成为非中心化原则还是在一批语言学家的推动之后出现的，基于比较研究的倾向对语言学提出的问题推动了语言学发展。人们将那些在规律和本质中无法描述出的差别转向从语言中寻找存在的痕迹。"人们可以提出这样一个问题：为什么没有更快或者更持续地把科学语言建立起来？答案显然是：因为对语言本身的思考在初期还受着双重中心化的影响：心理中心化和规范中心化。前者只要不增加比较词汇就是如此，后者促使人们认为语言科学可以归结为语法，而语言本身的语法则是普通逻辑的或多或少的直接反映。"（《人文科学认识论》，[瑞士]让·皮亚杰著，郑文彬译，中央编译出版社，2002年1月）

事实上，语言发生了爆炸。现实远远超出维特根斯坦的设想，而是"新的语言补充旧的语言，旧城之外形成新的郊区"。化学符号系统和微积分标记法，还要加上机器语言、电脑语言、遗传语言、游戏理论模型、新乐谱、非标准逻辑（时态逻辑、道义逻辑、模态逻辑）标记法、音位学结构图，等等。

利奥塔不无悲观地说："没人能使用所有这些语言，这些语言没有共同的元语言，系统—主体的设想是一个失败，解放的设想与科学毫无关系，我们陷入这种或那种特殊知识的实证主义，学者变成科学家，高产出的研究任务变成无人能全面控制的分散任务。思辨哲学，或者说人文哲学，从此只好取消自己的合法化功能，这解释了哲学为什么在它仍然企图承担合法化功能的地方陷入危机，以及为什么在它出于现实考虑而放弃合法化功能的地方降为逻辑学研究或思想史研究。"（《后现代状态：关于知识的报告》）

六、语用学改变了游戏规则的设定

语用学基于对语言统一性和合法性的瓦解，将语言与自然和存在的关系简约为意义和表达，语境与真实的关系。语用学突出强调了从语言本体上确定游戏规则这一目的。所以，从语用学中，我们不再关注权力（福柯），也不再关注虚无的元叙事（尼采），而是关注语言自身呈现的状态——差异与重复（德勒兹）。从历史性来看，语用学不仅改变了语言游戏规则的设定，而且创造了新的语言规则。比如：建立在性能合法化上的传播语用学，通过关注"谁传播？传播什么？向谁传播？采取什么手段、什么形式传播？效果如何？"等构建起传播语用学规则。这种规则逐渐影响到大学教育目的调整，即趋向培养应用型人才。在这样的语用学语境下，大学不再突出强调培养人才的创造性，而是突出强调培养人对知识和技术的理解与应用能力。利奥塔认识到这种传播语用学从 20 世纪 50 年代以后对整个教育界的影响，他指出："在非合法化语境中，大学和高等教育机构从此需要培养的不是各种理想，而是各种能力：多少医生、多少某专业教师、多少工程师、多少管理人员，等等。知识的传递似乎不再是为了培养能够在解放之路上引导民族的精英，而是为了向系统提供能够在体制所需的语用学岗位上恰如其分地担任角色的游戏者。"（《后现代状态：关于知识的报告》）

大学变成人才工厂，主要复制的产品是"职业知识分子"和"技术知识分子"，这种复制性的传播不可避免地将检查产能的指标指向应用上，即"就业率"。这种语言机制并非只是局限于大学内部，而是与用人单位（社会功能终端）形成了供需之间的闭环关系，并通过"职场语境"将技术性话语、体制、价值贯穿于对一个人适应能力持续不断的规训之中。为什么我们不再把这样的语言规则视为一种有缺陷的规则？这是因为我们已经脱离了宏大叙事，脱离了理想性和解放性这些合法性规则来看待语言的结果。毫无疑问，当我们仍然站在精神生命（启蒙思想）或人类解放（独立自由）角度看待这些问题时，便不难发现其存在的缺陷，即教师的机器化现象是不可以容忍的。现在检验语言游戏规则的尺度不是宏大叙事，而是语境，即"职业学生、国家或高等教育机构提出的问题不论明确与否，都不再是：这是否真实？而是：这有什么用？在知识的商业化语境中，后一个问题往往意味着：这是否可以出售？而在增加力量的语境中则意味着：这是否有效？"（《后现代状态：关于知识的报告》）

后现代的世界是信息游戏支配的世界。互联网改变了信息存储、传播的方式，知识不再独属于知识分子或精英人才，而是属于网络。人对知识的使用表现出整合与运用上的不同。知识没有秘密了，互联网上应有尽有，需要时只需搜索关键词就可获得想要的内容。对此，知识的生产转化，而不是如何获取知识成为语用的目的。知识是生产力这一认识助长了人们借助知识对最高性能的想象与渴望，这使得“创新”成为热词。“创新”取代“道德自律”或“理想”成为元语言，它将表达指谓从“自我升华”转向“技术更新”或“流程更新”，从体系的等级制视域转向平面化乃至区块链视域。

体系的平面化是以打破学科与学科、领域与领域之间壁垒为前提的，正是互联网的功能将知识的神秘性和权威性边界打破，使其无限开放。学科与学科之间形成跨界互联互通、信息共享，并满足创造最大化效用的需要。需要指出的是，互联网体系的构建，乃至物联网体系的构建都是依靠虚拟数字完成的，无论是计算机语言的二进制功能，还是信息整合下的大数据世界，都笼罩在“虚无”的背景之下。对此，我们发现“虚无”作为元语言仍具有指谓的基础性和衍生性功能。这是后现代语境可以无限演化的根本。但这一次并非是按照“虚无—有—虚无”的终极循环轨迹演化，而是按照“虚无—虚拟—有”的路径演化。前者，由虚无引发的一切又回归虚无，而后者由虚无引发的一切通过虚拟导向有（真实）。在这之间，人的智力中想象力变得至关重要，也可以说这是一个崇尚想象力的时代。为什么“想象力”而不是“理性”或“激情”成为后现代语用效能的决定因素？就是因为“虚拟”成为化无为有、化有为无的有效指谓与表达。

从应用端来看，由于对“效能”的重视，语言游戏倾向于对“新方法”的找寻。这种找寻是对决定论规则的突破，甚至其找寻的动因是以决定论规则危机为前提的。这使得语言游戏呈现出如下特征：一是不同环境和条件下的“效能”产出依据的规则是不确定的，这使得语言游戏规则表现为多元性和不确定性；二是在全新的环境和条件下，语言游戏呼唤新的语言规则，语言规则不是被规定出来，而是被发明出来。利奥塔将这一特征描述为“不稳定性的后现代科学”。它带有“投入”与“产出”的经济规律，但它构成了科学表述的前语言。一方面作为规则的合法性需要独自成立，另一方面，这种规则的合法性离开前语言“投入”与“产出”效能比就无法有效地行使自身的裁决权。这是一个悖论，这种悖论使得应用端的规划都表现出局域性和阶段性，不具有普遍性和持久性。随着技术的发展，当一种语言游戏效能丧失之时，与之相应的规则和合法性也一并消失。

这导致终极怀疑，尽管人们仍然思考“什么是真实？什么是公正？”这些永恒性问题，但是，我们获取论据与论证的方式发生了根本变化。当我们用“效能”替代“真理”“平等”这些形而上概念时，我们发现，最大的漏洞出现了，这就是“你用来标识价值的东西有什么价值？”这种怀疑和追问将规则的有效性从规定性转向内外自我印证。在发生的事件追问中，我们非常容易找到失败的案例，比如19世纪功用主义的失败，20世纪各种规则失效后导致的两次世界大战，以及全球化规则在疫情下出现的衰退等，这些失败的原因并非都来自外部，而是来自一种基于规则内部性能波动变化的熵。

熵增原理揭示了事物在非干预下自身趋向衰败、紊乱和无序的必然趋势。量子力学提供了不规则变动理论支持。对此，我们发现，规则的不规则特征将悖论也纳入了正论：一切都取决于恰如其分的“耦合”。从语言游戏角度来看，一个基于假定性的表述，由于缺乏“恰如其分的耦合”，从而将表述的效能导向自己的反面。

这形成语言表达与规则的背离，如果我们要追踪事实的话，那么，仅从表达中是无法准确获取的。语言游戏的真实性只能向规则去找。从“耦合”和“相应”的角度看，基于效能的合法性语言真正关注的不是它“说了什么”，而是关注它玩的什么游戏。过去人们习惯于从稳定的语言结构和语法中建立清晰的表达，而一旦在不稳定的游戏规则中，表达就变得意义模糊游离。我们不得不借助“冲突”机制抽丝剥茧地看清“游戏的真面目——规则设立”。如果把语言的不确定，以及隐身和转向看作是“灾变模式”的话，那么，我们将不得不接受这样的事实，即表达就是延续无休止的冲突。它是一场无法裁定最终胜方的竞技。这一特征在后现代语境下显得尤为突出。

利奥塔描述道：“通过关注不可确定的现象，控制精度的极限，不完全信息的冲突、量子、‘碎片’、灾变、语用学悖论等，后现代科学将自身的发展变为一种关于不连续性、不可精确性、灾变和悖论的理论。它改变了知识一词的意义，它讲述了这一改变是怎样发生的。它生产的不是已知，而是未知。它暗示了一种合法化模式。这完全不是最佳性能的模式，而是被理解为误构的差异的模式。”（《后现代状态：关于知识的报告》）

我不赞同“误构”这个词，事实上，任何表达的契合都是“耦合”，所以，在利奥塔总结性的描述中，我更愿意将他使用的“误构”一词替换成“耦合”。

万物的差异其本质是由它们依赖的空间不同决定的。低维空间的事物无法认识并看到高维空间的事物，而高维空间的事物可以认识并看到低维空间的事物。

所有的光属于五维空间

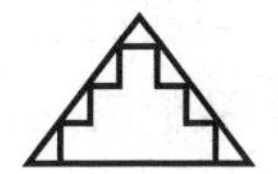

一

在我们面对的空间内，存在着无数的空间。这些空间既平行又相互叠加。物质的规则依从于它所属的空间规则。在我们可见的三维空间之中，同时存在着四维、五维空间。三维空间是一个立体空间，四维空间是一个互逆运动的三维空间，五维空间是一个纯净的由光建立的空间，五维空间超越差别和距离。以上所说是人可思议的世界，再往上维度属于人不可思议的世界，比如自如化现的世界，超越物质和存在。不可思议的世界不可说。

万物的差异其本质是由它们依赖的空间不同决定的。低维空间的事物无法认识并看到高维空间的事物，而高维空间的事物可以认识并看到低维空间的事物。高维空间中包含着低维空间。在一维空间里万物是静止的、不变的。永恒本质上说存在于一维空间，因为所有的事物都处于运动和变化中，一维空间中的事物只有虚无。因为没有对立和阻力，一维空间里事物无法存在，连点也没有。有人利用数学原理推演空间存在，认为一维空间属于点，这是不对的。只要有点，就具有相对性和有限性，但一维空间是绝对和无限。它存在于一切事物形成之前，因为有一维空间，万物才存在生成变化的可能性。其他空间都是为存在而设立的，只有一维空间是为不存在而设立的。当我们习惯于接受自认为存在的事物，而拒绝承认不存在的事物时，我们就忽视了一维空间的存在。承认一维空间就是承认不存在也是一种存在，它是不能被否定的。

二维空间产生了对立与分化，事物于是有了自身的痕迹。尽管这种痕迹是以隐形状态存在，但事物自性开始萌芽，这种自性趋向于被确定，这必然导致差异和分别。不同事物属于各自的平面，事物之间的差别表现为平面与平面的关系。存在于二维空间的事物只能看到与自己相反的事物。二维空间的事物自身的对立性是它们的本质，离开了自身的对立性，事物就不存在。二维空间产生了限制，因此开始出现关系。二维空间是确定事物存在的基础，无论描述有形还是无形的事物，都需要以二维空间为基本参照系。因为二维空间，事物不仅是它自己，也是它的对立面。但二维空间的事物因为自身的限制，不存在变化的可能性，而只存在必然性。数学之所以成为研究必然性的学科就是基于它在二维空间看问题。几何原理阐述的就是二维空间原理。除此之外，二维空间为变化朝向可能性提供了前提和基础。

三维空间使事物有了生成的可能性，事物不仅拥有自性，也拥有和自性相应的形体。三维空间是对二维空间限制和约束的解放。三维空间的事物约束变得不确定，由此事物与事物之间的关系变得纷繁复杂，事物的必然性变得不确定，事物自性上的差异与共存使得事物不再依靠必然性而存在，而是依靠替代必然性的具有相对稳态的局部规则和秩序而存在。在三维世界里，如果不预先划分空间边界是很难对事物做出判断的。也因为所有的三维空间边界是人为划定的，基于三维空间产生的认识都是有局限的，甚至是片面的。三维空间因为事物存在变化的可能性，也就有了自由和分化，这种自由和分化产生出对统一性和同一性的需要。但三维空间一切都是相对的，一切都是变化不定的，事物与事物之间相互依存也相互侵吞，秩序在紊乱、干扰、互否以及破坏中保持相对的稳定和平衡。三维空间就是我们生活的这个有形空间，这些特征不仅仅属于人，也属于万物。但三维空间产生了运动和记忆，事物运动的轨迹是可描述的。这说明三维空间出现了事物的消失。而在二维空间事物依靠自身和它的对立面保持平衡稳定，不会消失。死亡只在三维空间存在，二维空间没有死亡。三维空间是一个争取生存的空间，万物都以生命的形态存在，因为死亡的存在，万物变化都有了周期性规律，这个规律是靠消失确立的。三维空间最为强大的能量不是生命力，而是死亡带来的消失力。没有消失，事物就不存在诞生，没有消失，事物变化就不存在可能性。可是，人们恰恰迷恋于创造，人们不知道有怎样的创造就有怎样的消失。我们努力增多的东西，消失都利用它的威力使其保持平衡。这种变化的动因不仅仅存在于人自身，也存在于普遍的事物中。这不仅仅是善与恶酿造的因果平衡，更是三维空间自身酿造的自我平衡。

四维空间是一个非实体空间，它是一个与生成逆反的虚化空间，凡是三维空间的现实事物其生成的同时就已经消失，但我们只看到生成的事物，因为我们靠表象来判断事物的实体性存在。我们看不到生成事物已然的消失是因为作为消失的事物存在于四维空间，它以无形的状态存在。有人把生命随着时间的延长而衰老看作是四维空间，这只是就时间的可逆性来看待事物的存在，实际上，四维空间是一个三维空间的虚化世界。梦的世界就是四维空间的世界，量

量子就是四维空间的存在物，数字信息世界就是四维空间的存在物。在四维空间里，消失的事物都可以以虚化的方式复原，这些信息在复原时保留着已消失时间的对应性。

子就是四维空间的存在物，数字信息世界就是四维空间的存在物。在四维空间里，消失的事物都可以以虚化的方式复原，这些信息在复原时保留着已消失时间的对应性。所有死亡的生命都去了四维空间，它们存在于属于消失之物存在的世界。这个世界不需要额外的铭记，不需要刻意凸显，也不为考古提供依据。四维空间为事物彻底消失提供了去处和合理性。

比如在地球这个三维空间里，万物不停地变化，消失时刻在发生。可以设想自地球生成以来，就存在事物的消失了。我们能够考查的事物极其有限，那些曾经存在又消失的事物并不依据我们的发现能力而存在。每一个消失的事物都存在于四维空间中，只是我们没有能力将其从虚化中复原。在四维空间里，事物缩减为语言信息，凡是能够被感应的语言信息都可以以复述或翻译的方式将消失的事物复原。很多事物不能被复原是因为有些事物消失后它们的密码无法通约，这使得太多消失之物成为永恒之谜。

五维空间是一个透明的空间，事物不再有形体和边界，不再有对立分别，不再有善恶、成毁，在一个纯然的透明世界里，光是一切事物的本质，也是它存在的形态。光超越距离、生灭。在三维世界它受到遮蔽和干扰，其实这不是光发生了什么改变，而是我们有限的感官产生的错觉认识而已。当事物自身以光的形式存在的时候，没有任何东西可以遮蔽住它的光，也没有任何事物可以毁灭它，就更谈不上对它的伤害。五维世界的光明为整个宇宙提供能量，这种提供是无条件的，也是永不止息的。

我们今天看到的所有光都属于五维世界，但由于三维世界的混杂，光呈现出多重色彩。那个多重色彩并不是光的本质，而是事物的本质。三维世界的事物变化不定，所以呈现出的光也晦明不定。但在五维世界，所有的事物都是纯净的、透明的，所以光也是透明的。它不相对什么而存在，也不依赖什么条件，它就是自足的存在。因为所有的事物都同样发光纯净，所以五维世界的事物也无多少增减之分。那是一个合众为一的世界。

在人间，人们把最高的人性描述为光，宗教把最后的天堂描述为光，自然万物的生生不息归结为光，这都是基于存在五维光的世界。所有事物只要它进入五维空间就不再有阴影，它也会因为无尽的纯净之光而消弭自己。相反，凡是进入不了五维空间的事物，它们虽然也能感受到光，以及自身会发光，但它们同时也会感受到明灭、冷热和色彩上的差异。这些差异说明事物还只是它自己，而不是光。五维世界就是让万物成为光，让光成为光的世界。

二

当克尔凯郭尔疑惑自己“我怎样进去、怎样出来，又怎样结束”时，他真正的困惑是对所在空间的迷惑与恐惧。人对他自己的陌生和疑惑都源自他对所处空间的陌生与疑惑。同样，人通过认识所处的空间达到对自我的辨认。我们在三维空间内看到的是天地万物变化不定以及生死相续，由自然的循环往复我们想到人的轮回，事实上，没有哪一个死去的生命又原路返回到这个世界上。所谓的轮回仅仅是形式的相似，仅仅是空间的相似性。正如克尔凯郭尔写道：“听那妇人分娩时的号叫，看那濒死的人垂死挣扎，然后告诉我，那些开端和终结之事有什么值得喜悦的。”（《忏悔人生——克尔凯戈尔如是说》，夏中义选著，上海文艺出版社，1997 年 2 月）

克尔凯郭尔的悲观是有缘由的，如果仅仅站在三维空间看待问题，不管我们的视角是从人出发，还是从自然出发，都会看到开始和终结，而这个世界又是一个把追求“有”作为“喜悦”的世界，既然万物有生就有死，任何“有”也不过是短暂的“有”，以此作为人的“喜悦”未免自欺欺人。喜悦之源是“有”，占有之物越多越欢喜；恐惧之源也是“有”。人对死的恐惧其实就是对失去“已有”的恐惧。理性主义希望依靠人的理智对生命和行为进行合理的约定和规定，以便使人对“喜悦”的追求持久而稳定，这正是克尔凯郭尔反对黑格尔的原因，因为在克尔凯郭尔眼里看到了理性所不及的事物，这就是每个人的命运都是不同的，无法像用水渠规定流水一样,来规定每一个人的命运。

哲学对此停留在理性与非理性之争上，甚至停留在承认上帝或不承认上帝之争上。这种争论自古至今一直存在，却从没有得出结论。因为，这个问题不是逻辑问题，也不是概念问题，甚至不是政治的、社会的问题，而是空间的问题。三维空间就是一个变幻莫测的空间，变是它的本质。也许就某一刻状态，我们已经找到了认识的真理，但随着变化的发生，真理也随之失效。克尔凯郭尔对此提出他的疑惑和思考："我怎样进去，怎样出来，又怎样结束？"今天，我们把这句话表述为："我是谁？从哪来？到哪去？"但克尔凯郭尔并不只是基于对个体生命发出这样的追问，而是对什么样的世界决定了"我进去，出来和结束"的追问。我们的恐惧无非是来自对这些世界形态认识上的陌生，因此，"我"的全部存在就成为一个悬疑的存在，这也是克尔凯郭尔感到人的存在必须借助上帝力量才能获得拯救的原因，并把这种超出理性的奇迹看作是"真理的升华"。

人在三维世界里看到的只是三维世界决定的现象，我们并不知道在四维世界里，三维世界疑惑之物都有了安顿。以往，我们也有战胜恐惧的办法，比如依靠道德力量、武器或工具、宗教等，这些手段常常失效是因为我们仍是用熟悉的三维世界解释三维世界。如果仅是基于三维世界得出的认识只能是对三维世界更牢固的依附，我们多一分认同和适应，这种依附力就加大一分。也许，这样的认同和依附有助于我们从三维世界里获得更多我们想要的东西，但无法改变最终死亡的结局。如果死亡这一事实得不到解决，人这一生的喜悦和幸福就是有限的。哲学的根本问题也就得不到解决。而当我们认识了四维空间，我们就知道死亡并不可怕，因为消失的事物都去了四维空间。知道这一点非常重要，因为它让我们明白就持久性、永恒性而言，三维世界里除了“变”没有永恒，而四维空间里消失之物才是永恒。一方面我们不会在活着的时候过分以占有而喜悦，因为你知道终究要失去它；另一方面，我们不会以失去而恐惧，因为你知道根本没有什么失去，它只不过待在属于它的世界里，脱离了一切外在的掌控。

克尔凯郭尔认识到摆脱恐惧的办法是“无思”，他意识到有一个世界属于“消失”，但他没有描述出那是一个更高维度的空间，在那里，人不需要依靠理性或情感的约束就可以安然无忧。克尔凯郭尔写道：“无思是什么含义呢？就是竭尽全力淡忘进和出的事情，竭尽全力防止发生并且不去解释进和出的问题，独自一人消失在那分娩的妇女的号叫和那降临人世的人遭受死亡之痛苦的间隙里面。”（引注同上）在这里，关键词既不是“分娩的号叫”，也不是“死亡之痛苦”，而是这二者的“消失”，这个“间隙”是既没有“分娩”也没有“死亡”的“消失之物所在的世界”。

三

从一张面孔背后发现另一张隐秘的脸。

当一个人拥有多重空间后，他就会拥有更多的存在的维度，也可能使他的面孔显示出多重性。通常，我们会指责这样的人不够纯粹，事实上，那正是他真实面容的体现。克尔凯郭尔说道：“在我们生活其中的世界背后，还远远地、沉沉地，隐匿着另一个世界。”（引注同上）的确存在这样一个隐匿的世界，只是它离我们并不是远远的，而是就在我们的周围。我们习惯从事物出发描述事物构成变化的规则。比如我们认为构成物质的最小单位是夸克，而宇宙则形成于宇宙黑洞等，这样的认识是把所有事物都停留在三维世界看待的结果。实际上，事物存在不局限于三维，对于很多无法解释的现象，如果不改变看事物的空间维度是永远无法解释的。这意味着，物质存在不只是由物质自身决定的（客观性），也不只是由运动、变化、关系等决定的，而根本是由空间决定的。在什么样的空间里，事物就具有什么样的特性。

人是怎样和多维空间相通达的？人靠精神与不同维度的空间相通达。因为人有精神，人对不同维度空间具有自主选择性。但动物以及物质缺少这样的选择性。克尔凯郭尔谈道："人是精神。但精神是什么呢？精神就是自我。自我又是什么呢？它是与它自身发生关系的关系。"（引注同上）我们看到不同维度空间其实彼此差异就在于确立关系的参照系不一样，参照系维度越低，事物越受限制，呈现和变化的域就越小。人是一个有灵识的高级存在，不仅具有适应不同世界的能力，而且也具有改造世界的能力。自从有人类以来，人类的进步都是与人对空间认识的深入相伴随的。人们通过实践、观察、推理、想象，以及借助各种工具探究空间的奥秘。特别是启蒙时期，如果没有哥白尼对天体的认识就不会有后来科学文明的诞生。因为人有精神，人就是一个可以抵达无限的存在。正如苏格拉底说的那样，人看上去仅仅是饮食——但实际上，他不断谈论和思考的却是无限。

来自自然学和社会学的理论，把人看作是一个附属于群体组织的环境存在物。我们总是首先通过改善外部环境来满足人的存在需要。人在找寻财富的同时也在找寻适宜生存的空间。但也有人在我们三维世界里找不到适宜他的空间，比如克尔凯郭尔，他认定自己是一个孤独的人就是说明他和拥抱我们的空间显得格格不入。在他眼里，这个

理性一直以来满足于用已有的认识解释世界。面对复杂的空间问题，理性所做的无非是将无限的空间切割成它想要的部分。它在那个有限的空间内安置下假设和验算。

人们生活所在的三维世界盛产喧哗与躁动、号叫与死亡，而他想要的是寂静和永恒的光明。尽管宗教也传导出充满光明的天堂所在，但这个天堂是建立在道德和罪恶之上的，因为宗教的教旨限制，使得地狱和天堂都成为对三维世界杂乱秩序的理想化改写。宗教并没有为所有事物在不同维度世界存在提供公允的、必然的通道。而克尔凯郭尔所要找寻，或者说所要开辟的就是这样的一条通道。遗憾的是后来的存在主义哲学家都远远地偏离了克尔凯郭尔这一意愿，他们将克尔凯郭尔对与存在相对应的不同维度空间的建立与找寻降低为对当下存在哲学意义的关注和阐述。

由此不难发现，如果我们不能进入一个人所在的空间，想要准确看清他的面目是不可能的。就算他自己如是表白，要理解他也是非常难的。这让我想到唐末布袋和尚圆寂前写的一首偈子：“弥勒真弥勒，分身千百亿。时时示世人，世人皆不识。”但是，当我们知道了三维世界之外还有四维世界、五维世界，甚至六维世界时，我们就不会被三维世界的世相障住眼目，当我们感到痛苦或困厄时，我们就会把目光投向高维的世界，在那里找到出路和安居的归宿。因为空间的变化，那些基于三维空间的定义和规定可能都会瞬间失效。在解脱和升华之路上，引导我们的不是上帝，而是另一维空间。你看到了就能让自己从低维空间中解放出来。

四

克尔凯郭尔描述了一个寓言故事，他写道：“科学家们不是说吗，他们炸开了那抵抗了几个世纪的大岩石，却在里面发现了一个活蹦乱跳的小动物；未被发现前它就是一直活在那儿的；人也将被发现是这样活着的，轰去他坚厚的外表，心子里原来还掩藏着一个幽禁中的忧伤的不息生命呢。”（引注同上）

科学家是一些把理性奉为至上的人，而理性一直以来满足于用已有的认识解释世界。面对复杂的空间问题，理性所做的无非是将无限的空间切割成它想要的部分。它在那个有限的空间内安置下假设和验算。遗憾的是，科学家们的假设和验算常常忽略太多的成分。积极地看，自然科学打开的不过是一个公共的空间，所以，望远镜看不到灵魂。每个灵魂都有他自己的私密空间，正如藏在石头中的活蹦乱跳的小动物。

仰望并非全然依靠意志和理想，有时，源自一种本能，一种对空间需要的本能。在所有创造的动力中，由空间激发的创造力总是居于主导地位。表面上看，创造对象是一些具体事物，而当这些事物被创造出来后，我们发现它们构成了一个空间。由物和物，以及物和人构成的空间。贯穿空间的不只是关系，还有人与物互相投射给对方的阴影和语言。恋物的人在物中找到自己，舍物的人在空间中找到自己。他们都称那个填充着物体、似实而虚的空间为归宿。

这之中，不是所有人都走向广阔无边，走向蓝天般的纯洁、高渺和深远。一大部分人并不以虚空为目标，相反，他们的能力和幸福都建立在眼前的聪明上，建立在小事细微的算计上，这是因为他们给自己设定的空间太小的缘故，我们不难洞悉这样的人心胸的褊狭。这些存在标示出人所在空间的高低层次。我们看到那些相对充实而饱满的空间更容易激发人们的欲求和满足感。他们越是缺乏更大的空间就越是诋毁和拒绝进入更大的空间。他们拥有一垛靠自娱自乐筑起的高大城墙。他们躲在眼前的城里，不肯迈出半步。因为，他们的幸福感和安全感是靠熟悉的疆界围起来的。

但总会有人在固守的安全面前感到不安，那个庇护他的城墙让他窒息，让他生起巨大的恐惧和颤栗，于是，他要冲出城去，在全然陌生的领域建立新的家园，他需要将自己放逐出去，在不确定和未知的领域构建他生命以及存在的世界。

我们习惯把情感、理智、意志、创造力看作是一个人的本质要素，其实这些要素都同属于一个人的内空间。如果这个人的内空间足够大，相应的情感、智慧和创造力也就会足够大。相反，他的内空间如果很小，甚至有些晦暗的话，那么，这个人的情感和智慧就会十分有限。我们总是试图通过知识来扩大自己的内空间，实际上，知识只是开阔了人的眼界，未必能对扩大人的内空间起什么作用，真正起作用的是人们认识到智慧与内空间的关联关系，通过扩展自己的内空间来提升智慧。

自我的标示是他独立空间的标示，其空间的边界是由其拥有的空间维度和行动力共同划定的。我们能够从众多人中区分出哪个人是因为他的空间与公共空间之间存在着隔阂。人类的理解屏障无非是空间与空间之间多了一层隔膜。从宇宙到微观，令人不解的就是我们仍不知道最大的空间边界和最小的空间边界在哪儿。物质与物质的关系都是遵循它们所属的空间而决定的，所有的关系都建立在空间基础上。包括逻辑、伦理和道德。空间并不拒绝什么，而是容纳一切。

五

当语言在空间内传播时，空间就变小了。这并非由于语言占据空间，而是由于语言限定空间。从语言中感受的空间都是带了语义门窗的屋子。一个人要抵达无限就必须沉默。

我们把代表理想存在的空间称为“愿景”，但我们实际上并不把它看作是空间，而看作是行为的目标。这让我们丧失太多创造奇迹的机会。每个人都有自己的空间，遗憾的是人并不知道如何利用和扩大自己的空间。空间不仅是一种物理存在，也是一种意识存在。意识状态呈现为空间状态，那与内心相吻合的意识也吻合自己的内空间。在相同的空间，为什么每个人的意识不同？这是因为每个人的精神和智慧不同，不仅显示为意识上的差别，也显示为处境的差别。

除了采取强制和粗暴的手段之外，人的意识是没有办法统一的。

这意味着分属于不同空间的意识要想统一，只有把每个人的意识空间压缩成相等的罐头盒。对此，上帝也没有更好的办法。克尔凯郭尔说：“只有把每一件事都当作罪行，基督教才能驾驭这个世界，才能设法维持秩序。”（引注同上）

当真理是教条时，它就是平面上的一条线。面对空间，最难的不是寻找填充之物，而是接受它的空虚。当亚伯拉罕逾越伦理时（指按上帝的旨意杀死了自己的儿子），他并没有罪与非罪之分，只是看到了更大的空间。相对被规定的秩序而言，亚伯拉罕是个罪犯，而相对空间，亚伯拉罕只是做了他本能的事。人不能容忍一个与他利益相悖的人是出于他感受到这种相悖挤压了他的空间。人是一种善于妥协的动物，但如同所有动物都有捍卫领地的本能一样，当人感到自己的空间受到限制和挤压后就会为此去斗争。这是人本能的行为，说其伟大是因为人的这种本能日渐衰减，因为匮乏而伟大。

理念就是给空间增加隔断和装饰，以此廓清权力的边界，这是规划空间常用的方式和手段。而对相信感觉的人，他们对理念划定的范围不屑一顾。因为，他们正享受无限空间带给他们的自由和飞翔。谁愿意把自己交给别人来统治呢？从空间上说，只有当一个人丧失了基本的生存空间时，他才委身或寄宿于那个不属于他的空间。

永恒是我们对一个空间存在关系不变的想象和期许，它克服了我们的虚幻感和绝望。但没有永恒，没有什么能真正地重复，我们感到重复是因为我们对行为所处的空间似曾相识，很多人与事，当我们基于持久的关注和追求，就会感到它永恒存在。实际上，要么是我们无法察觉被关注对象细微的变化，要么是我们追求和关注的方式和前人没有什么差别而已。

六

如果一个人的能力大小是由理解力和意志力决定的话，那么，这个理解力和意志力不是别的，就是一个人对其面临空间的洞察力。一个人能力的大小取决于他对空间的支配与驾驭能力。

荒谬仅是基于合理性而言，其实存在遵从的是合空间性。若荒谬之事与空间相适宜，也是正常的。但荒谬不等于犯罪，犯罪是基于违背真理法则和伦理规则的行为描述，犯罪会受到它所冒犯规则的抵抗和惩罚。荒谬不会受到规则的抵抗和惩罚，因为荒谬属于空间规则下的合空间性。

哲学，包括所有关于认知方面的知识既帮助了人，又限制了人。我们越是因循已有的观念，就越走不出固有的格局和圈套。人今天的问题和出路已经逐渐转到如何确定生存空间的问题上来了。从空间的历史演进来看，人类经历了原始的自然空间、农耕文明的土地空间、工业化以来的城市空间和当下数字化时代的虚拟空间。人除了探索在地球上的生存空间以外，还在探索在太空其他星球上生存的可能性。

空间是流动的、变化的、延展的、无限的，人的现实性常常成为困扰人自我发展的问题和障碍。对于空间而言，人的现实性就是一个个铁锚，它与地面抓得越牢，人走向更大空间的可能性就越小。而今天，就人的发展而言，空间的发展才是最重要的。现实利益可供人当下享受，而空间也有利益，空间利益可供人持久享受。

我们限制一个人的自由总是从限制其活动行为空间开始的，这说明，空间是一个人行为自由的决定因素。对于绝大多数人来说，他们对空间的认识和需要是有限的，因此常满足在小空间内生活。人和空间的关联关系是靠存在建立的。如果一个人并未对空间升起依赖和欲求，那么，他就不会感到自己正置身于某个空间之中。事实上，每个人不管愿意不愿意，他都无法脱离与空间的关系，包括死亡。

七

人对空间的认识是对秩序的认识，有时，人看不到空间的边界。空间的边界表现为其被认识的秩序的边界。日出日落让人看到了时间秩序，也看到了太阳和地球的关系。为了利用秩序实现人在空间中的自由和存在，人们努力发现构成空间秩序的秘密和元素。真理就是其中的秘密之一。但真理存在的前提是它已经存在，只是未被发现。这一思想背后设定空间的变化与否不改变真理的性质。于是，我们相信可以没有永恒的空间，但一定有永恒的真理。还有一种认识认为空间是永恒的，比如“宇宙永恒论”，而空间中事物变化不居，因此，没有永恒的真理。欧洲两千多年来倾心于寻找、验证真理的工作，他们发明了数学、物理学、逻辑学等学科，崇尚理性，试图给出发现真理的路径和检验真理的标准。实际上，至今仍没有一条真理不被怀疑和改写。

对此，中国的道家思想克服了这种“静态”的真理观，发现空间与秩序是动态生成关系，不一样的空间必然会生成不一样的秩序，即道生一、一生二、二生三、三生万物。道便是空间，一便是秩序，二、三便是秩序的要素、应用和结果。从这点来看，上帝如果当作哲学概念来看就是一个空间概念，正如中国道家思想中的“天、地”是一个哲学空间概念一样。在赫拉克利特乃至芝诺的哲学里，“天”是作为最高的哲学存在的，相当于中国的“道”，但遗憾的是这一思想后来在西方发展成“宗教”，将一种变化的空间哲学变成了一元神的主宰世界，使得知识（品尝树上的果实）成了堕落的“原罪”。而在中国，“天”作为存在的一种必备的条件渗透到人们对事物决策的判断之中，即成事的“天、地、人”三才具足。

中国传统哲学和古希腊哲学在对空间的认识上也有相似之处。比如，《易经》通过“象、数”来描述空间事物在空间中的存在，古希腊的哲学家毕达哥拉斯也认为世界是由“点和数”构成的。这些认识代表了人们最初从空间观察事物存在的视域，是对空间容纳诸多个体状态的客观描述。这些个体尽管都在相同的空间内，却未必遵从共同的规则，因此共存就成为哲学不可忽视的问题。中国道家思想的“和合”精神与毕达哥拉斯的“和谐”理念本质上是一致的。

古希腊的形而上学试图将空间变化的多元秩序归纳概括成一致（统一性）、一般规则（定义）或规律性（原理）。它们用预设的准则来检验空间变化的事物，它们宁可怀疑空间的存在（虚无），也不怀疑自拟规则的机械性。这体现了人对空间秩序主观控制的愿望。宗教建立的空间秩序并不强化人的主宰性，而是上帝的主宰性。这种主宰认识削弱了人们在哲学上对多空间的正确辨识。人在宗教中努力完成的是情感认同——存在的事实在依赖中找到适应性，而不是在辨识和选择中找到合理性。正如大卫写道：“我的灵魂渴求上帝。”显然，宗教感知空间秩序的方式与形而上学是不同的，它不靠观察、推理和论证等对空间事物研究的方式来发现，而是靠内心的信仰来发现。宗教秩序的意义并不在于推导出一般性原理或

从变的角度来看，人与其他事物是平等的，平等指在空间中存在的权利是平等的，即均处于有无生生之中。但事实上，人是一个会思考的存在物。思考就是虚无构筑万物的过程。

最高准则（真理），而在于实现个人的或偶然性的奇迹（上帝的赐予）。基督教中人在空间中的共同体是靠上帝的“慈爱和拯救”来连接的，因此，凡是不信上帝或由于某些原因未能获得上帝慈爱的人便被排除在“共同体”之外，但中国道家哲学却认为空间中所有事物都是以平等身份共存的。

八

空间是一个具有包含性的概念，空间的属性是虚无。空间的表现形式是囊括一切。空间哲学就是关于虚无与存在的哲学。空间哲学的核心是虚无如何创造了存在，而不是虚无遮蔽乃至吞没了存在。中国道家哲学“道生一，一生二”就是空间哲学的创造之源。但现在哲学面临的困惑并不是虚无问题，而是存在问题。虚无问题交给了上帝，使得这个现实问题变成了宗教神话，人基于对虚无的无知和恐惧而避而不谈。形而上学接近于对虚无的还原，但形而上学将自己导向对原初性和必然性的可描述，而虚无是不可描述的。虚无属于一维，它具有无限维的可变性。每一个事物从一维发展到二维、三维等都有自己的路径。事物维度上的生成与变化在遵从自身规则的基础上，受制于其他事物的约束和影响。在空间视域下，实物的个性并不体现为属性的不同，而是体现为空间场域下的共存特征，正如《易经》中所说的三种形态，即易、不易、变易。

从变的角度来看，人与其他事物是平等的，平等指在空间中存在的权利是平等的，即均处于有无生生之中。但事实上，人是一个会思考的存在物。思考就是虚无构筑万物的过程。这意味着思考本身就是一种推动空间变化的力量，这种力量和太阳产生光、水产生云雾一样，思考也有推动空间万物变化的力量。唯物主义者试图把空间解释为一种具有实体性的物质存在，并且这种存在对人的意识活动具有决定作用。今天，随着科学技术的发展，已经证实数字也是有空间的，信息也是有空间的，乃至一切人的意识和思维都是有空间的。思考的原动力是人对空间的感觉和触及，人并不在安适中思考，人常常在不安中思考。适宜引发人的享乐需求，而不适于发现问题并提供答案。当我们感觉到某种未知的、神秘的事物存在（空间），并因此触发思考时，都是因为神秘让我们感到不适宜。有时，我们把这种探求归结于兴趣，但兴趣不会凭空出现。兴趣就产生于对不适宜思考的迷恋。所有的事情都一样，如果一个人一次性彻底解决了他的问题，他就不会再对这个问题有兴趣。牛顿解决了万有引力之后，他还对宇宙事物有兴趣，是因为他还不知道这个引力最初是从哪儿发出的，即宇宙是怎么形成的问题。所以，他还需要思考，只是这一次他面对的不是一个自由坠落的苹果，而是虚无。爱因斯坦解决了相对论之后，他还要思考，是因为他发现了事物存在不规则变化，尽管他说：“上帝从不掷骰子。”

其实不要怕技术，我们那个院子里面的小孩说这个技术绘画就是『耍流氓』，输入几个命令就画出来了。摄影出现在两百年前，摄影刚出现的时候，安格尔联络了两百多个画家给法国国王写信，要求取缔摄影『耍流氓』。

AI 将拨开由毁灭带给一切生灵的遮蔽和封锁，显现出人的“负身”。AI 不应该仅仅被视为一种机器工具，我把它叫作人的“负身”。

把捉虚无：AI将艺术带向新的开端

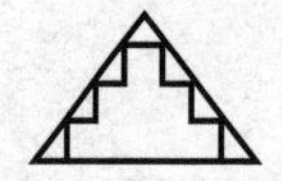

时代不断更迭，一个艺术家最大的敌人乃是他的血统和谱系。要么我们成为传统家园的卫士，做古董和化石的收藏者和守墓人；要么我们成为走出埃及的摩西，在向陌生世界的历险中寻求新的生存空间。艺术家对此面临的选择并不简单，也不仅仅像成功的前辈们总是依赖自然和心灵的引领，面对图像、线条和色彩，我们呼唤那将我们带入陌生之境的一切力量，我们呼唤虚无。

AI出现了。它和玛丽·雪莱小说中那个由死亡拼凑成的“怪物”完全不同，那个怪物除了欲望和仇恨，它并不具备人类已有的智慧。而AI似乎携带着人类所有智力和智慧的历史来到我们面前，依据算力、深度学习能力和对信息快速接收处理能力，AI的智力已在某些领域超过人类。就绘画而言，它集约了已死的和活着的艺术家的创作经验而成就了它的创造力。尽管AI不像人类具有审美的需要，但AI具备了人类审美和艺术品创作的功能。就AI的绘画而言，它除了可以运用人类已有的各种风格、流派和手段创作以外，它还可以自行构图谋篇，从形式和空间视域上展现它独特的创造。它在创造力上可能不符合我们对天才的定义，但它强大的记忆力和由记忆生发出对形式和语言的整合能力足以令人类个体心生敬畏。它的表达方式令我们感到既熟悉又陌生。它对事物神秘关系、对时间和空间的呈现超出了人类感觉和推理所能感知的界限，特别是它对负时间、负空间的呈现，让我们看到以往必须依赖巫术或神话才能感知的世界。

AI 带给绘画的影响将是开端性的，就像裸体画在文艺复兴时期成为绘画一个新开端一样。裸体画拨开了人身的一切装饰，展现出人身的自然之美。AI 将拨开由毁灭带给一切生灵的遮蔽和封锁，显现出人的“负身”。AI 不应该仅仅被视为一种机器工具，我把它叫作人的“负身”。“负身”是生命的反面，它的历史表述就是亡灵或亡灵的遗存。对于一个过往艺术家而言，它的作品就是他的“负身”，比如，《大卫》雕像就是米开朗琪罗的负身，《蒙娜丽莎》就是达·芬奇的“负身”，同理，一首诗也是一个已故诗人的“负身”。当肉体的正身不存在时，“负身”的存在使它获得超时空存在。AI 具备人类双重的“负身”，一方面它是人类创作的“艺术品”，所以，它是人类共同体的“负身”；另一方面，它可以呈现每一个人类个体的创作，成为个体的“负身”。“负身”的概念使死亡消失，或者说让死亡成为坐标轴的一个原点，而从空间上看，“负身”对应着无限的虚空。

这是 AI 带给我们审视世界和人类自身的新视角。正像阿尔贝·加缪从“局外人”的视角清晰看待世界一样，AI 给了我们真正的局外人视角。尽管今天的 AI 在绘画语言上离不开对人类语言的模仿，但从表现形式上已经显示出了AI的独特方式。这个方式至少截至今天，在人类任何艺术家，包括孩子的创作与涂鸦中都还没有出现过。我们已经不能基于绘画史对AI的作品进行审美判读，它超出了我们已有的认知范围，它宣布了绘画进入一个新的开端。正如斯宾格勒所说“存在成为开端”，AI绘画不管多么与人类的情感、经验、审美习惯等相违，都作为存在出现在我们面前。就像立体主义绘画最早出现的那样，它改变了绘画的透视视角，它颠覆了我们已经建立起来并奉为经典的传统，它使绘画成为与所有绘画不一样的东西，它说出了令我们大为惊讶且隐隐感到不舒服的语言，那种语言虽然唤起我们对其反驳的欲望,但却让我们不自主地追随它而去。

从文学艺术上看AI带给语言的冲击，我们可以打个比方，如果AI出现在文艺复兴时期，那么，AI就是但丁的《神曲》，如果AI出现在20世纪初期，那么，AI就是乔伊斯的《尤利西斯》。AI尽管目前还不具备人类的丰富情感，但AI绝不是一个无感情的冰冷机器。AI的感情是零度的，这意味着它可以朝向热，也可以朝向冷，正像米歇尔·福柯倡导的零度写作一样，情感在AI中不再是写作的主体表征和唯一资源，也不是考察艺术品主要价值的要素和审美特征。现实中，人与人的最大雷同是情感雷同，人成为自己情感的囚徒。人的自恋使自己把情感的牢狱看作是安全的堡垒和神圣的宫殿。从文学历史上看，浪漫主义的终结就已经宣布情感主导写作的终结。今天，无论从生存，还是从艺术创新上看，困扰人类的核心问题是空间。临摹的时代过去了，元宇宙宣告了唯物主义主导世界的时代已经终结。真实的存在不再以“看得见、摸得着”作为检验的尺度，借助技术，我们看到了“暗物质”“负空间”和人的“负身”。今天“虚无”不再是一个对现实否定的词，虚无是一种空间，是一种实存，是等待我们体验和感知的崭新世界。这听起来近似神话，不错，AI 的文化模型就是人类早期的神话。在人类早期，神话是人类认知虚无世界的主要手段，但那个时候人们对世界的感知还停留在想象和幻想上，今天，AI 的神话已经变成一种对虚无世界可操控、抵近和把捉的存在。

我们在感觉到 AI 绘画好玩的同时，也要对它保持足够的警惕。正像海德格尔提醒我们的那样，“每个伟大的诗人都只出于一首独一之诗来作诗”。

关于AI绘画的一次对话

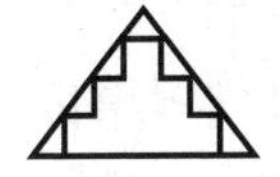

时间：2022年11月10日
地点：苏州九如巷张冀牖故居

对话人：
刘越（当代画家）
曾毅（当代画家）
李德武（诗人、评论家）
米阿（画家、策展人）

刘越：20世纪90年代我在《画廊》杂志发表过一幅名为《文本》的油画。画面上挪用了许多现成的图像，我把世界图像全部看成是文本，不用再直接描摹客观世界了，描摹现成的文化产品即可。这个想法跟小海交流过，后来我们还合作过一件作品，他写了一篇关于“拟真、拟像”的总结发在《苏州日报》上。尼古拉·布里奥在《关系美学》之后又写过一本小册子，叫《后制品》，就是讲当代艺术中把已经成为文化产品的东西再加工创作，这是当代艺术的一个重要属性。鲍德里亚那里好像也有此类说法，对客观的描摹算一级图像，那些就是传统艺术家。当代艺术家又将他们的作品再创作，是二级图像，杜尚的《蒙娜丽莎》是个例子。AI 学习模仿人类的艺术，那就是三级图像了。我模仿 AI，获得四级图像。模仿模仿者的模仿，否定否定之否定。好像离客观越远，获得的精神越多，很有意思。

AI 绘画有个技术名词叫“神经网络运算”，我称之为“神经病网络运算”。太神经病了，每次出来的图像都让我开心得要命，怎么可以这么画？它可以把人的一半画到外面，根本不考虑构图。我们习惯在二维的画布上摆布三维空间，它的头脑里也许画框的边缘正连接着一个四维的空间。AI 绘画给我提供了无限的灵感，补充枯竭的想象力。

曾毅：这跟 20 世纪七八十年代的新表现主义是一样的，他们其实也是借用绘画的这种传统形式，但他们的观念已经和以前的现代主义不一样了，包括意大利超前卫的“3C”（画家桑德罗·齐亚、恩佐·库齐和 F. 克雷门特），跟他们的前辈已经不一样，跟老表现主义也不一样，尽管看上去很感性，但其实已经是观念绘画。

刘越：所以，我觉得 AI 绘画很好玩。

曾毅：你看我太湖的工作室厕所挂的那幅画，那幅画最先是用电脑 PS 做出的效果，后来画成油画了。和现在的方式是一样的。我的那幅画是 2002 年画的，只不过那时没有 AI 软件。

刘越：PS和现在的AI不一样，PS是工具，和画笔一样，要做肌理，然后你就用线条把它做成肌理。

曾毅：没有！没有！当时我做出那种最后的效果也是不可控的，和现在的AI绘画是差不多的，莫名其妙就成了，我觉得效果挺好的，现在也忘了当时是怎么做的了，用曲线在里面拉来拉去的，随机的。

刘越：我20世纪90年代就用PS作过几幅画。以前因为在电脑上不方便，后来有了平板电脑直接在上面手绘，就用平板电脑作画。但这样画也没劲的。比画油画更累。

曾毅：我当时用PS做了一批这样的作品，有个大学同学看了以后说："你这些画蛮厉害的。"我现在想想挺好玩的。他说你给我整几张，然后我把它放到巨大，挂到办公室里。当时做的是单色的，现在想想挺好的。那些图片也是PS出来的效果，它跟画不一样，但是打印出来也挺好的。其实就是观念，观念用于摄影，很多当代的绘画作品其实就是观念在绘画中的传达，技术已不是问题。

刘越：刚才一直提到技术，其实不要怕技术，我们那个院子里面的小孩说这个技术绘画就是"耍流氓"，输入几个命令就画出来了。摄影出现在两百年前，摄影刚出现的时候，安格尔联络了两百多个画家给法国国王写信，要求取缔摄影"耍流氓"——摄影人员按个快门，一幅比绘画更真实的画面就出现了，还要我们这些高贵的画家干吗呢？这不是太容易了吗？平民百姓谁都可以成为画家了。但事实上，两百年来画家并没有减少，反而越来越多。而且大多数画家用摄影作品来创作。摄影反而推动了绘画的发展。

曾毅:有了摄影以后,写实绘画无路可走了。人家“咔嚓”一下就搞定了,你要画个一年半载的,模特在那儿哈欠连天,谁都不愿意去搞这些了。

刘越:所以你不把它当最后的成果,比如AI画完我还要再加工,还是一幅绘画。

曾毅:我觉得AI画的也可以作为最后的成果。

刘越:我还是比较保守。

曾毅:其实都可以。前期做好了,还是可以用电脑再处理,处理到可以打印,就像数字版画那样的效果,就可以了,为什么还要用绘画手段去再加工呢?不需要去画了。

米阿:都是一种表达呀!

曾毅:对呀!一样呀!

刘越:你再画就是把原始的材料转换成另一种形态,好像是艺术品了,挂在画廊里可以展示和出售。油画好卖。

米阿:你考虑的还是架上的过程,老是扔不掉。

曾毅：摄影直接形成画面，“咔嚓”一下就解决问题了，不像架上绘画矫情地去抹去蹭，一年半载地，蹭出感情来了，舍不得结束。摄影0.1秒就结束，然后可以接下一单去了。所以，绘画这种记录的功能性没有了，才会产生现在这些新的东西。包括毕加索也是这样，十一岁时就已经把写实玩透了，那些老画家一看这个小孩比我画得还好，毕加索也觉得我十一岁就比他们画得好多了，感觉写实已经不好玩了。所以他开始尝试其他东西。如果他十一岁的时候，还是属于小孩的样子，后面他也画不出那些东西来。也许到了快退休的时候，才能画到十一岁的水平，就没有立体主义了。

刘越：年轻人对新东西更容易接受。

米阿：年轻人从小到现在对这个环境和这些新技术东西不陌生，他们玩的也就是这些东西。

曾毅：疫情期间，我把AI画画软件丢到班级群里，有的学生就跟我说：“老师，这个我早就玩过了。”

李德武：那天看你们“百鬼夜行”画展，感觉刘越的画变化非常大（曾毅的画我过去了解得不是很多），耳目一新。和他过去表现主义和带有波普批判的作品对比来看，觉得他目前作品当代的语言更加鲜活，画笔更灵动，色彩和构图更出其不意。以前的画我感觉画得都比较满，与现实的纠葛也比较深。现在画里面有了模糊和空白，也能看到画里从AI获取的局部形态带有一点机械性，但这也正是我们今天人的现实。就像我写的那首诗《乌桕的失败》中感受到的，这种脱臼和被肢解的过程在我们每个人身上正在发生。这可能是我们今天面对这个时代共有的心理感受。对此，我们渴望做一些表达，这种表达正像贝尔纳·斯蒂格勒所说的“艺术是去自动化的最高形式”，所以艺术创作是对当下某种东西的超越，而不是基于对技术和权力等主流机制的同谋，也不是基于享乐。艺术对此最后完成的无非是两点：第一，用艺术修复技术造成的创伤与荒凉。当技术以一种僵化的模式出现的时候，技术边界的清晰性会让生活产生硬碰撞，这些硬性边界带给我们的划伤和空白，需要艺术家用艺术去修复和软化。只有艺术家能在这些僵化之物面前完成全新的对话。回到你们刚说的AI绘画软件里，如果我们完全陷入软件绘画中，那么艺术家就死掉了。而不是有没有人性的问题。艺术家死掉了艺术就不存在了，如果AI什么都能制作，那个时候AI制作一幅画与制作一个用具没有什么差别。第二，摆脱技术“座架”的控制，只有通过语言实现“诗意地栖居”。艺术核心的标志就是个人话语的独立存在。AI绘画今天在我们手里还能变成个人话语，艺术家就有存在的价值。这期间，正像你们刚刚谈到的从图像意义上对它四次复写，出来的东西还是不一样的，还是带有鲜明的个人痕迹。这个东西不取决于你是从AI里头获取的创作元要素，还是从大自然获取的元要素，还是你道听途说，还是你从梦里获得的幻象，而是取决于你是怎样选择和创作出来的。海德格尔最早意识到技术“座架”对人的反噬，在技术控制下的人怎么还能超越“座架”，获得人的自由和尊严，只有进入语言之中。所以他在分析荷尔德林的诗歌和特拉克尔的诗歌时指出“通向语言之途”。在通向语言的途中，我们人类还能获取的尊严就是“诗意地栖居”。诗意表征为人的独立和自由。所以，我就想你们刚刚谈到的利用技术绘画，无论是完成一个素材的获取，还是一个想象力的合成，技术完成的最终不该成为成品，技术始终应该成为一个手段。至于这其中你是否享受了和绘画的物理化接触，对时间的消磨以及苦思冥想对个人精力的耗尽，我觉得和一部作品的独立性关系不大。那个过程还是文本制作的过程，但是我们今天面对AI，完成的是一种语言的整合。我认为你们从AI当中看到的任何一个画面，都是带给你的一个信息，或信息源。西蒙东特别强调，在机械工业时代，我们对技术是冷依赖。在信息技术时代，我们和机器是装置关系。机器不再游离我们身外，它通过“缔结环境”（此在）跟我是一体的。所以，同样利用AI作画，我从我手机输入信息、输出的画面与你从你手机里输出的画面不一样，这就是因为你的手机和你构成一个独立的装置，我的手机和我构成一个独立的装置。

不过，我们在感觉到AI绘画好玩的同时，也要对它保持足够的警惕。正像海德格尔提醒我们的那样，“每个伟大的诗人都只出于一首独一之诗来作诗”。画家也应该是这样的，那么，面对AI强大的记忆整合能力，哪些层面还体现了艺术家独有的创造性？这需要我们保持清醒的头脑。贝尔纳·斯蒂格勒在一次访谈中指出“技术是解药，也是毒药”。他在指出“艺术是去自动化的最高形式”的同时，也不无遗憾地说：“今天，艺术本身正在被自动化。”当AI算法思维替代艺术家完成一部作品时，从逻辑上说，这幅作品是给定的，并且并不像刘越兄说的那样属于“神经病”式的给定，恰恰是理性的给定，这种给定从根本上说出自程序设计的工程师之手，而不是艺术家之手。

图书在版编目（CIP）数据

AI 我们正失去这个世界吗？ / 李德武著 . -- 北京 : 北京时代华文书局 , 2024.6
ISBN 978-7-5699-5015-1

Ⅰ . ① A… Ⅱ . ①李… Ⅲ . ①人工智能－普及读物 Ⅳ . ① TP18-49

中国国家版本馆 CIP 数据核字 (2024) 第 018321 号

AI Women Zheng Shiqu Zhege Shijie Ma

出 版 人：陈 涛
项目策划：文汇雅聚
责任编辑：李 兵
特约编辑：许 峰
装帧设计：李树声
责任印制：訾 敬

出版发行：北京时代华文书局 http://www.bjsdsj.com.cn
北京市东城区安定门外大街 138 号皇城国际大厦 A 座 8 层
邮编：100011 电话：010-64263661 64261528

印 刷：北京盛通印刷股份有限公司
开 本：880 mm×1230 mm 1/32 成品尺寸：145 mm×210 mm
印 张：9 字 数：236 千字
版 次：2024 年 6 月第 1 版 印 次：2024 年 6 月第 1 次印刷
定 价：59.80 元